大展好書　好書大展
品嘗好書　冠群可期

熱門新知 7

圖解 後基因組

才園哲人／著
林　庭　語／譯

品冠文化出版社

前　言

●IT（資訊科學）與生物科技的時代

打開電視新聞與報章雜誌，幾乎每天都在報導生物科技或基因組。對於炒作股票的人而言，除了IT之外，生物科技相關股票也成了備受矚目的焦點。由此可知，二十一世紀堪稱為IT與生物科技的時代，而且政府也在二、三年前，就將戰略的重點範圍著重在這兩方面，並且投入大量的研究開發費用。

日本二〇〇〇年度的生物科技相關研究預算，雖然還在請求估計的階段，但預估八省廳總計約達三七五〇億圓。與前一年相比，大幅增加了三〇%。至於與科學技術有關的預算，和前一年相比，微幅增加了〇．八%。可見與生物科技有關的部分備受重視。

日本生物科技相關產業的市場，在一九九九年時大約為一兆圓，而經濟產業省預估二〇一〇年應該會達到二十五兆圓的規模。現在，日本適合醫療診所使用的醫藥品市場大約為六兆圓，相較之下，二十五兆圓的市場相當龐大。正因為如此，國家才會將生物科技產業視為日本再生的王牌，投入巨額的研究費用。同樣的，產業界也將賭注下在生物科技上。

市面上陸續出版了很多與生物科技商業有關的書籍，但大多是從產業或商業方面著眼的解說書籍，並不是基於一般民眾的立場來解讀生物科技。

●生物科技為我們帶來了什麼？

有些國家一年會投入將近四千億圓的巨額在研究開發上。當然，這是用國民納稅的錢來投資於生物科技。然而，生物科技對於每位國民到底可以帶來什麼樣的好處？藉著生物科技，我們的生活會有如何的改變？這才是最重要的問題。

IT已經和個人電腦、網路、電子郵件、行動電話等同樣的進入我們的生活當中，而且不斷的進化。雖然還無法了解一切困難的事情，但是，將來一定會有驚人的進步，就像看到機器人等的發明，大致就可以想像到未來的發展一樣。

但是，生物科技又會為人類開啟什麼樣的未來呢？它是一種夢幻技術嗎？有人說：「基因組解讀是人類親手繪製最棒的輿圖。」一般人對此可能沒有實際的感覺，或許會期待它能治好癌症等疾病，或者是能延長壽命，不過，大多人的印象都只停留在基因改良大豆、基因改良玉米等基因改造食品上，因而產生一種拒絕的態度。

再者，生物科技給予一般人另一個強烈的印象，那就是描述恐龍重生的M•克雷敦的小說『侏儸紀公園』和『失落的世界』。最近已將其拍成電影，並在國內賣座，而且在大阪開張的日本環球影城（USJ），侏儸紀公園也成為受人歡迎的項目之一，這已是家喻戶曉的事情。的確，將這樣的事件當成娛樂作品，真的非常有趣，但是，仍舊有許多人害怕生物科技。

被稱為夢幻技術的生物科技，給人強烈的負面印象。理由之一，就在於生物科技的難以了解，一般人無法輕易得知生物科技所能帶來的好處。

●從一般民眾的觀點來看生物科技

提到生物相關技術，首先會聯想到什麼呢？

DNA改造技術、細胞融合技術、細胞大量培養技術、單一抗體、生物反應堆、基因改造植物、生胸治療法、Kuock out動物、基因改造動物、複製動物、基因序列決定、基因組解讀•解析、基因機能解析、一鹼基多型解析、蛋白構造解析、蛋白機能解析、基因診斷、基因治療、再生醫療等，在聽到生物相關技術便能聯想到這些名稱的人，應該算是對生物科技造詣頗深的人了。

本書無法詳細解說這一切，故將焦點對準基因組解讀及其周邊的問題來加以解說，同時從一般民眾的立場來了解到底生物科技對人類會造成什麼樣的影響。

本書盡量列舉一般人所熟悉的事例來敘述生物科技會如何改變人們的生活，會帶來什麼樣的好處，以及該注意哪些事項等。

然而，即使是身邊的話題，但生物科技到底為何？基因組解讀到底為何？如果對於基本技術完全不了解，就無法理解生物科技的夢想以及危險性，所以從Part 1到4，盡量簡單說明目前生物科技中基因組解讀技術的現況。

對此已經了解的讀者，可以跳過Part1到4，直接閱讀Part5。此外，若覺得Part1到4的部分艱澀難懂或是感到無趣，那麼也可以省略不讀，等到想要了解技術內容的部分時再回頭翻閱。

如果看完Part1到4之後依然不了解用語，或在閱讀的過程中忘了用語的解說時，則可翻閱最後的索引，尋找名詞的出處再看一次。

至於Part1到4的相關內容，坊間還有其他更詳盡的解說書，讀者可自行選擇較易了解的書籍來閱讀。

但是就本書而言，希望各位讀者能夠了解的部分著重在Part5所敘述的事項，因此，請讀者務必針對Part5的部分耐心的閱讀一次。

●基因組震撼

基因組解讀已經完成，於是有人認為人類「已經得到生命的設計圖」，或「人類終於踏入了神的領域中」。

然而，即使基因組解讀已經大致告一段落了，但是，基因組密碼輸入何種基因，或是某個基因具有何種機能，直到現在都還無法完全了解。

此外，對於某基因何時會出現在何處，以及能夠讀取到何種程度等的指令訊息是如何輸入基因組當中，也都不甚了解。換言之，即使偷走基因組的設計圖，也不可能輕易的製造出生物。因此，神並不是單純的創造出生命。透過基因組解讀，就可以察覺到身為創造主神的偉大。

不光是基因組解讀，隨著生命科學的進步，已經了解各種事項，例如，生物這種複雜的生命，持續了幾年、幾十年能夠保持微妙的平衡且平安無事的存活，其本身就是一件很不可思議的事情。

疾病是因為這個平衡出現破綻而產生的，所以，沒有病痛反而會讓人覺得很不可思議。此外，僅僅二八〇天的短暫期間，就可以孕育出新生命、誕生人類這樣複雜的生物，這種懷孕的過程本身也讓人佩服。也因此在科學上，依然認為母親很偉大，而且認為懷孕是既神秘且令人感動的現象。

筆者真正的希望，並不在於藉著本書能夠啟蒙讀者對於生物科技的知識，而是希望讀者在了解生物科技後，能糾正人類輕忽其他生物的生命或他人生命的錯誤心態。人類應該要加深對生命的敬畏之念，同時若能夠察覺到二十一世紀是「生命的時代」，擁有能夠幸福生活的智慧，那就更加完美了！這可以說是基因組解讀所帶來的最大震撼。

●重新認識「生命」的重要

二十一世紀是「生命的世紀」，這並不意味著能夠操縱生命或操作生物，而是了解「生命」的構造，認識其神奇、偉大的特性，進而成為一個「重視生命」

的時代。

最近，青少年虐殺貓狗動物、隨意殺人，甚至殺害親生父母等悲慘的事件頻傳。而且被逮捕的犯人並非因為憎恨對方，而只是單純的「想殺人」或「想知道人是怎麼死的」才萌生殺意。聽到這些自白，讓人覺得現代人完全感受不到生命的重要，這種動機令人感到很驚訝！

因此，筆者希望很多青少年能夠閱讀本書，藉此察覺到生物的重要及神奇，了解「生命」的可貴，這是筆者最大的喜悅。

才園 哲人

目錄

Part 1

Part 2

基因組解讀的一切

了解人類基因組計畫、基因組解讀的方法、基因機能的解析法等！

Part 3

基因組周邊的發展、基因組生意

cDNA計畫、基因組創藥、基因專利等，了解基因組周邊的發展

Part 4

其他主要的生物技術？

了解導入外來基因技術、破壞基因技術等先進生物技術

Part 5

後基因組時代的展望

想像基因治療、基因組創藥等後基因組時代的醫療，重新認識神秘的生命！

帶領你進入基因組的世界

了解DNA、基因、染色體、基因組的基本構造！

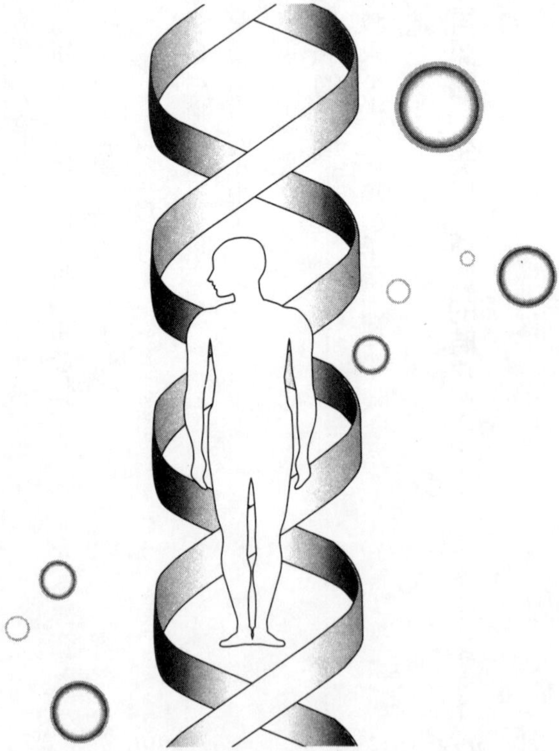

Part 1

DNA、基因、染色體、基因組的構造

POST 1 GENOME

基因和DNA

DNA序列是生物的設計圖

◆DNA是細長絲狀的化學物質

生物的形質（形狀、顏色、性質等）是由**基因**來支配，而基因一如大眾所知，是由父母遺傳給子女。

基因的化學本體，就是化學物質（分子）以及DNA（去氧核糖核酸）。

DNA是由腺嘌呤（A）、胸腺嘧啶（T）、鳥嘌呤（G）、胞嘧啶（C）這四種**鹼基**和去氧核糖、磷酸化學物質結合而成的細長絲狀分子。

在生物體內，通常這股絲會與互補的另一股DNA鏈形成雙股螺旋。形成雙股螺旋時，一股DNA上的腺嘌呤（A）一定會與另一股DNA上的胸腺嘧啶（T）形成一對而結合，同時鳥嘌呤（G）也會和胞嘧啶（C）形成一對而結合。

因此，DNA和互補的DNA上的鹼基是A與T、G與C好像反射關係排列著。換言之，一股DNA鏈上有腺嘌呤（A）、胸腺嘧啶

★基因

物質的實體，為去氧核糖核酸（DNA），是負責遺傳訊息的最小機能單位。

轉譯為蛋白質後能決定生物的形質。

★鹼基

是具有嘌呤和嘧啶等架構的化學分子的總稱，為DNA或RNA的構成成分。四種鹼基序列成為密碼文字，用以傳達遺傳訊息。

DNA的雙股螺旋非常單純！

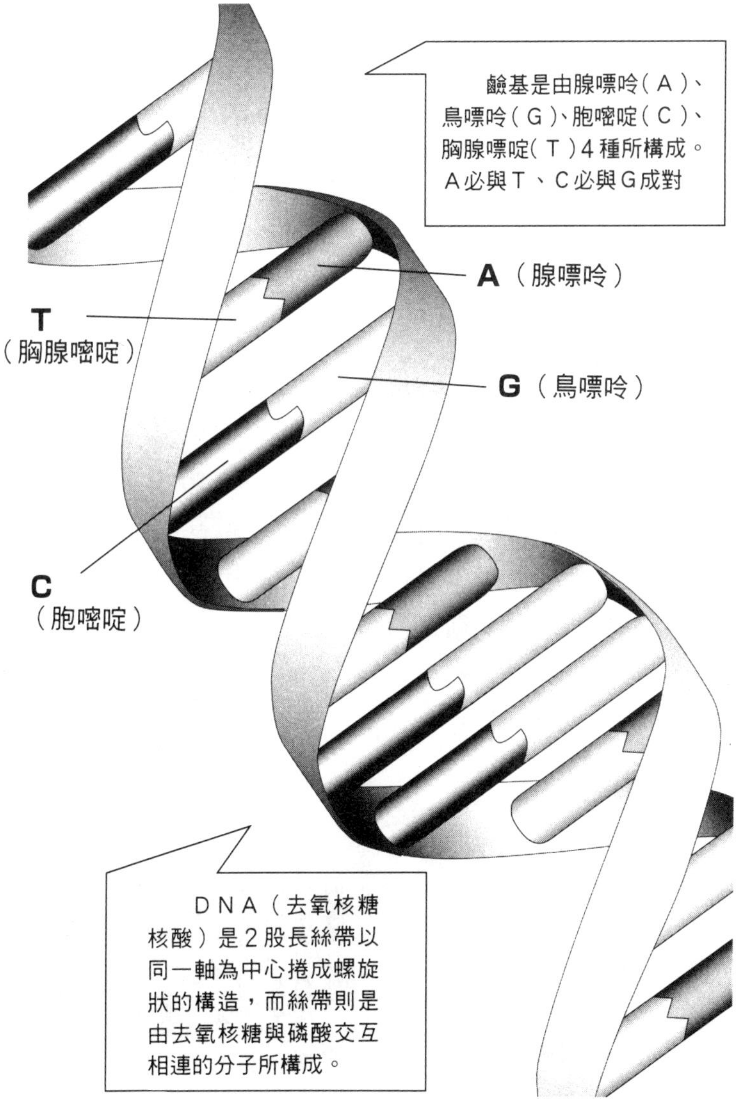
鹼基是由腺嘌呤（A）、鳥嘌呤（G）、胞嘧啶（C）、胸腺嘧啶（T）4種所構成。A必與T、C必與G成對
A（腺嘌呤）
T（胸腺嘧啶）
G（鳥嘌呤）
C（胞嘧啶）
DNA（去氧核糖核酸）是2股長絲帶以同一軸為中心捲成螺旋狀的構造，而絲帶則是由去氧核糖與磷酸交互相連的分子所構成。

（T）、鳥嘌呤（G）、胞嘧啶（C），按照各種順序排列。讀取這個鹼基排列，就可以解讀DNA鹼基序列。三個鹼基（文字）的排列方式，就能成爲以一個以氨基酸爲密碼的暗號。

正確的說法應該是，DNA上的**鹼基序列**轉錄至mRNA（信使RNA），然後再轉譯爲由二十種氨基酸相連的蛋白質。蛋白質除了是生物體的構成成分之外，也會成爲酵素或受體等生物體分子，是能夠發揮各種機能的生物體分子。

★鹼基序列
DNA上的腺嘌呤、胸腺嘧啶、鳥嘌呤、胞嘧啶四種鹼基的排列方式，可以決定DNA鹼基序列。例如人類基因組解讀，就是決定約三十億的鹼基序列。

◆基因與DNA不同！

DNA是基因化學物質的本體，兩者是否相同呢？答案是否定的。應該說點狀基因存在於絲狀DNA的化學物質上。排列於DNA上的鹼基序列（文字序列）並不全都轉錄mRNA，或轉譯爲蛋白質（氨基酸）。DNA上的文字中也包含了指令訊息（何時何處讀取多少），或是外表上完全沒有意義的序列（廢物基因）。

此外，真核生物的基因在DNA階段無法像一篇文章似的連續書寫出來，其中也夾雜著毫無意義、無法轉譯的文字序列（內子，intron）而形成設計圖（表現序列，exon）。

也就是說，基因意味著轉譯爲DNA上蛋白質的文字序列部分。

DNA是設計圖，蛋白質是零件

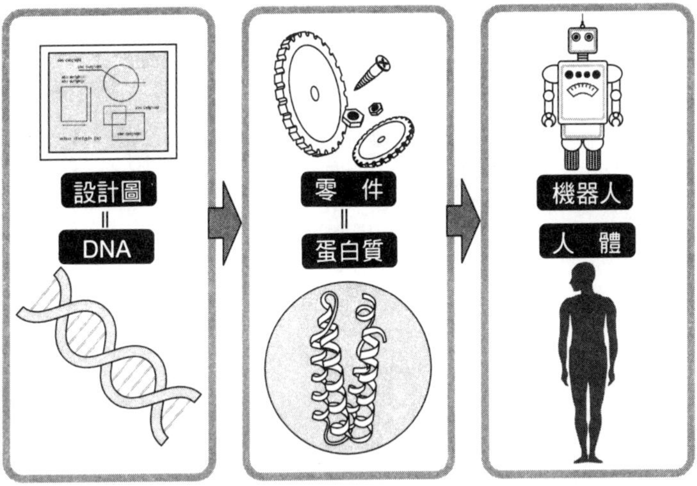

◆DNA序列是生物的設計圖

由上述大致可以了解到，DNA是細長絲狀的化學物質，上面排列著A、T、G、C鹼基文字，每三個文字與一個氨基酸對應，DNA的文字序列依序替換爲氨基酸，氨基酸再依序相連轉譯爲蛋白質。

蛋白質是構成生物身體、掌管生物機能（決定表現形質）的物質，因此，DNA序列就是生物的設計圖，讀者只要了解這一點就足夠了。

POST 2 GENOME

DNA的構造

DNA正確的被複製

◆構成DNA的分子？

在此詳細敘述一下化學物質DNA。

構成DNA的分子除了四種鹼基之外，還有**去氧核糖**以及**磷酸**。

鹼基和去氧核糖的每一個分子結合後形成爲分子，稱爲核苷。

由於鹼基的種類不同，故形成四種核苷。而核苷一分子又和磷酸一分子結合，形成核苷酸。

當然，核苷酸也有四種。核苷酸成爲一個單位，依序相連，形成非常長的DNA分子。

◆複製DNA的構造

當細胞分裂增殖時，必須要正確的複製出DNA。唯有正確的複製，才能將父母的遺傳訊息正確的傳給子女。

在複製時要解開雙股螺旋，以各自的DNA爲模型，合成新的DNA。這時，擁有腺嘌呤（A）的核苷酸一定是與擁有胸腺嘧啶（T）的核苷酸結合。

同樣的，擁有鳥嘌呤（G）的核苷酸，其結合對象一定也是擁有

★去氧核糖
是DNA的構成分子，為五單糖。RNA構成分子核糖的二位的氫氧基被還原，替換為氫的物質。

★磷酸
含有磷和氧的酸性化合物，是DNA或RNA的構成成分之一。

DNA自行複製的構造

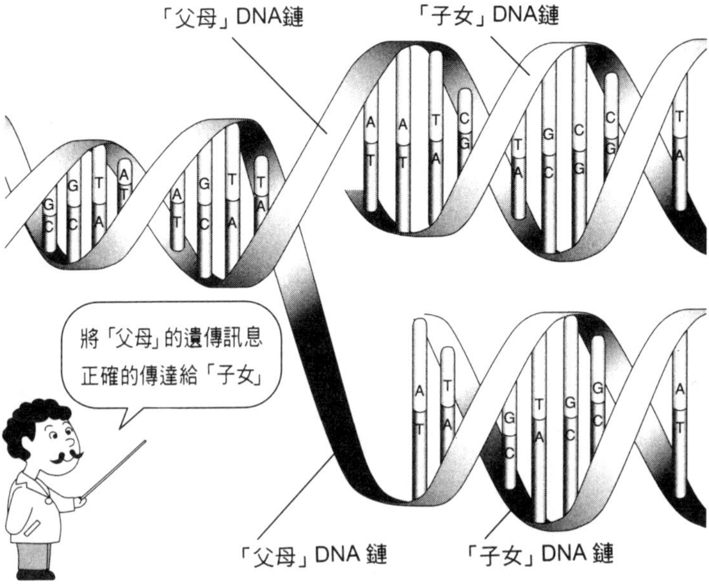

胞嘧啶（C）的核苷酸。

因此，雙股螺旋各一般的DNA鏈，各自合成互補的DNA鏈，於是又形成了完全相同的二股雙股螺旋。

DNA被正確的複製，便能將父母的遺傳訊息正確的傳達給子女。

這就是遺傳的本質。

POST 3 GENOME

DNA在何處？

DNA長約二公尺！

◆微觀世界的神奇！

所有生物的身體都是由**細胞**構成的。細菌是由一個細胞構成（稱爲單細胞生物），而大多數的生物都是由多細胞構成（多細胞生物）。人體是由約六十兆個細胞所構成。DNA平均的存在於所有的細胞當中。

細菌等不具有**核**的原核生物（原核體），其DNA直接存在於細胞內，真核生物（真核體）則是幾乎所有的DNA都存在於核中。

細胞的大小約〇．〇一毫米，而人的一個細胞中的DNA長度總計達二公尺。因爲是〇．〇〇〇〇〇二毫米極細的絲狀物質，爲避免糾纏或斷裂，必須在染色體這個小盒子裡以纏繞或摺疊的方式，好好的收藏在組蛋白這種蛋白質中。

◆人類基因組塞滿了三十億個文字份的訊息

以人類來說，有二十二對常染色體及二條性染色體，總計分爲四十六條染色體收納其中。人類的一股DNA大約有三十億個文字。關

★細胞

構成生物體的最小單位。所有的生物體都是由細胞構成的。包括微生物等單細胞生物或多細胞生物。而人體則是由大約六十兆個細胞所構成。

★核

細胞內的器官之一，被核膜所覆蓋，內藏染色體。染色體中則含有遺傳物質DNA。

DNA放大圖……

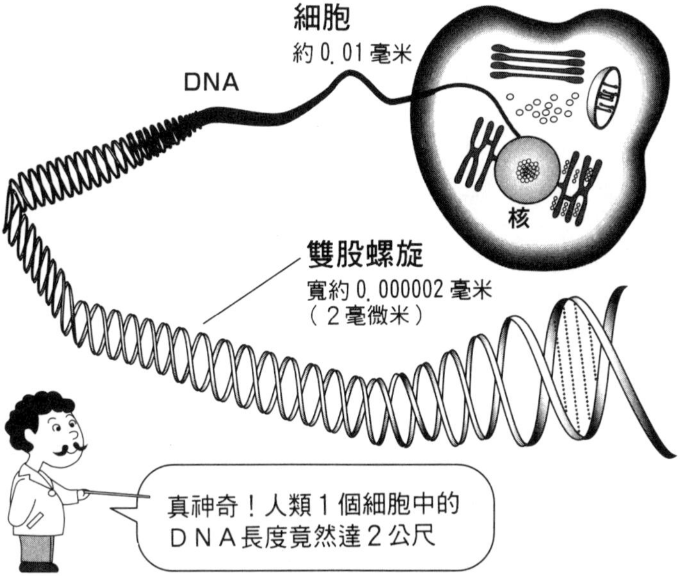

於人類這種生物的訊息，全都記載在這三十億個文字當中。而這三十億個文字份的遺傳訊息（DNA），就是人類基因組。

由於是雙股螺旋，或者可說因爲人類爲二倍體，所以，事實上人類的一個細胞當中收納了一百二十億個文字，可以將其想成是由三十億個文字構成的兩份正本和副本，這樣就容易理解了。

POST 4 GENOME

何謂染色體？

收藏DNA設計圖的小盒子！

◆DNA為何不會打結？

在收納長線或長繩時，爲了避免糾纏在一起或斷裂，通常都會先捲在捲軸上，或者是疊成短摺以便收藏。非常長的DNA也是以同樣的方式來收藏。

染色體是DNA捲在組蛋白這種蛋白（捲軸）上的物質，形成摺疊的構造體。而放入設計圖的小盒子，就是染色體。不過，因爲DNA太長了，所以還是必須要分爲好幾段來收藏。

◆何謂染色體？

人有二十二對的**常染色體**和X、Y二條**性染色體**，總計有　個小盒子可以收藏DNA。二十二對的常染色體，由長到短依序編爲一至二十二號。染色體是很容易被某種色素染色的物質，染色後利用顯微鏡直接觀察，可發現其長度和形狀都不同。

女性的性染色體爲XX，男性則爲XY。Y染色體與X染色體相比，非常的小，這是眾所周知的。在參加奧運要進行性別檢查時，都

★常染色體

以DNA纏繞鹼基性球狀蛋白組蛋白的核小體為構造單位的核內構造物稱為染色體，在人類的四十六條染色體中，除了X、Y這二條性染色體之外的四十四條（二十二對）染色體，就是常染色體。

★性染色體

人類的四十六條染色體中，含有用來決定男女性別的基因X染色體和Y染色體這二條性染色體。

22對常染色體與1對性染色體

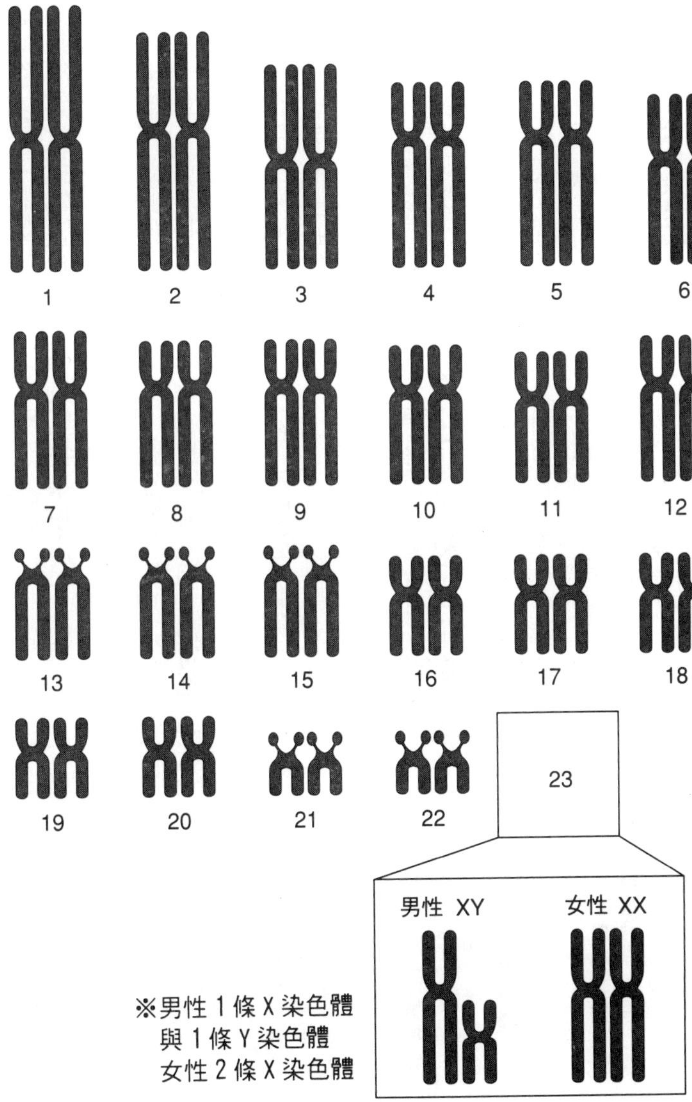

※男性1條X染色體
與1條Y染色體
女性2條X染色體

會刮取口中的黏膜細胞（全身任何一處的細胞都可以，不過一般都使用最容易取得的口腔黏膜細胞）來調查性染色體。

◆父母的性質會遺傳的構造

染色體塞滿了長長的ＤＮＡ，為了從小盒子取出必要的設計圖，只有在複製ＤＮＡ或發現基因時等必要的時刻，解開必要的部分，因此，必須井然有序的保存這些ＤＮＡ。

但是，到底是以何種的方式在必要時解開必要的部分進行讀取，目前對於這方面的構造並不了解。

像人類這種進行有性生殖的兩倍體生物，擁有相同編號的染色體各有二條。相同編號的二條染色體稱為相同染色體。

經由**減數分裂**製造出來的精子或卵子，只擁有一對染色體、二十二條常染色體及一條性染色體。兩者經由受精合體，精子是來自於父親的二十三條染色體，而卵子就是來自母親的二十三條染色體，成為**相同染色體**，變成原先的二倍體。染色體中收藏著含有基因的ＤＮＡ，這就是子女能夠得到來自父母兩者性質的遺傳構造。

★減數分裂
通常，細胞分裂時，染色體數維持不變，但是形成生殖細胞時，染色體數就會變成一半。此時的細胞分裂就稱為減數分裂。

★相同染色體
四十六條染色體的一半來自於父親，另一半則來自於母親，各自合成一對。成對的染色體就稱為相同染色體。

◆充滿謎團的相同染色體

孟德爾法則認為，父母的形質能夠正確的傳達給子女。目前已經

DNA收藏在染色體

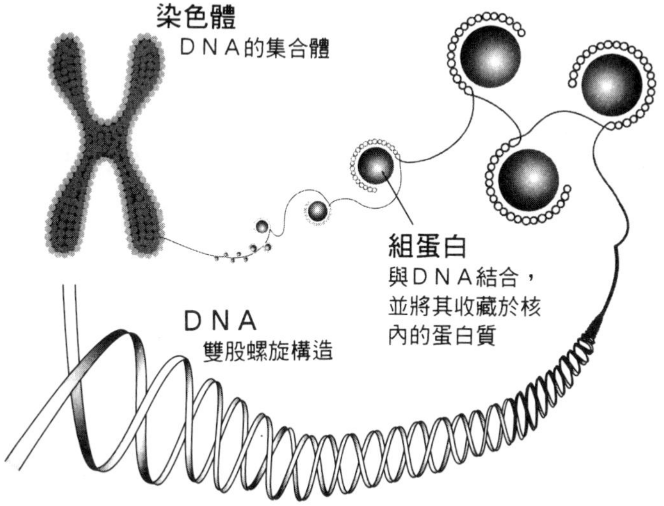

確認，來自父母的相同染色體DNA基因會轉譯在蛋白質上並發揮其機能。

然而，相同染色體到底是二條隨時都能解開來讀取資料並均衡的發揮基因功能，還是有時只有其中一方能夠優先發揮功能，目前尚無法了解這一點。

原本是一對染色體的，但是，如果其中的某一條因爲某種原因而變成三條或四條時，就會罹患先天性的嚴重疾病。

POST 5 GENOME

基因組、染色體、ＤＮＡ的關係

細胞內有染色體，而染色體中存在著ＤＮＡ

◆由約三十億個核苷酸構成的ＤＮＡ

基因物質的本體ＤＮＡ，是以核苷酸分子爲一個單位，大量相連而形成非常長的分子。

通常ＤＮＡ是製造互補ＤＮＡ和雙股螺旋，全都存在細胞內的核中，是非常長的絲狀分子。爲了避免糾纏或斷裂，必須要纏繞著稱爲**組蛋白**的蛋白質，或以摺疊方式形成染色體構造體。

人類所有的遺傳訊息（基因、指令訊息等所有訊息），全都輸入由三十億個核苷酸（文字）所構成的ＤＮＡ中。

基因部分的三個核苷酸（文字）會成爲暗號密碼而與一個氨基酸對應，藉著ＲＮＡ轉譯成蛋白質發揮生物體分子的機能。這個生物體要維持個體生存所需要的一套足夠的遺傳訊息，就稱爲基因組。

若以人類爲例，則有由三十億個核苷酸構成的ＤＮＡ形成人類的基因組。文字數會因生物種的不同而有所不同，各種生物的基因組容量稱爲genome size，不見得高等生物就擁有較大的基因容量。

★組蛋白
構成染色體的鹼性球狀蛋白，捲入ＤＮＡ形成核仁。

基因組、DNA、染色體

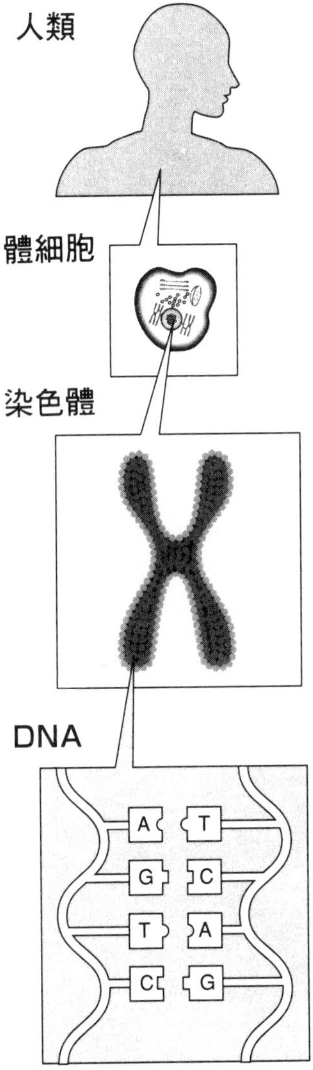

人類是由數十兆個細胞所構成。

每1個細胞當中存在著46個染色體，而染色體當中存在著人類維持生存所需要的ＤＮＡ（遺傳訊息）（基因組）。

在ＤＮＡ上排列著Ａ、Ｔ、Ｇ、Ｃ４種文字。

人類基因組是以30億文字（鹼基）書寫出來的。

ＤＮＡ以雙股螺旋的形式存在，而60億文字再加上染色體各２條，因此，在１個細胞內存在著120億文字份的ＤＮＡ。

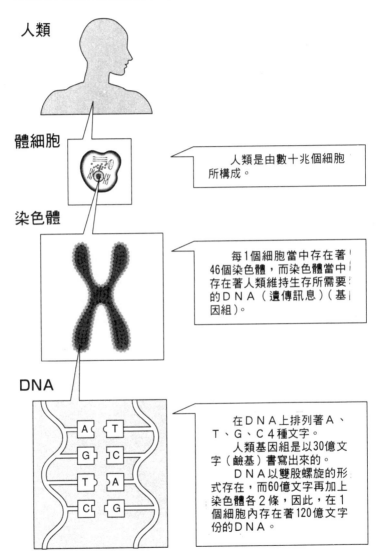

ＤＮＡ形成雙股螺旋，同時擁有一對相同染色體，而人類的一個細胞中有四套份的基因組，亦即存在著一百二十億個文字份的ＤＮＡ。體內六十兆個細胞全都擁有一百二十億個文字份的ＤＮＡ、四套的基因組。

◆基因組解讀是拼圖遊戲嗎？

所謂人類基因組解讀，就是要決定一套基因組，也就是ＤＮＡ上三十億個文字所有的序列。若以四百字的稿紙來計算，則三十億個文字約有七百五十萬張稿紙的文字，數量非常龐大。而且，長長的ＤＮＡ並不是由一端開始連續的讀取，就技術而言，一次大約只可以讀取五百個文字。

因此，ＤＮＡ必須要先分散爲五百個文字份長度的片段，讀取這個片段的鹼基（文字序列）後，再將其連結起來。

爲了連結起來，必須一點一點的重複讀取零散的ＤＮＡ。就好像已經印刷出整齊文字的一頁書被撕破後，爲了要使其復原而能夠閱讀，就必須要按照不同的撕破方式，準備好同一頁零散的文字，然後讀取這一頁碎片上所寫的每一個文字，用二個以上的碎片拼湊成文字，相連之後恢復成原先的一頁。舉個更容易了解的例子。

請想像一下拼圖遊戲。觀察線條、圖案和顏色，找出相鄰的一片

大型拼圖遊戲

7500萬片的拼圖堆積如山
恐怕到孫子那一代也無法完成
解讀基因組必須仰賴發達的電腦！

拼圖而陸續拼出，最後就會恢復成原先的圖案。兩者的作業非常相似。

若重複度為八，則以四百字的稿紙來計算，二百四十億個文字份必須要閱讀六千萬張稿紙的文字。總計要完成七千五百萬片的拼圖，這當然需要仰賴發達的電腦。

以DNA為設計圖製造蛋白質

POST 6 GENOME

如果DNA是設計圖，那麼蛋白質就是零件

◆二十種氨基酸相連成蛋白質

生物體主要是由**蛋白質**所構成，這是因爲細胞是由蛋白質所構成的。

由細胞所構成的皮膚、肌肉、毛髮、骨骼、臟器等的主要成分是蛋白質。此外，荷爾蒙、酵素、受體、抗體等掌管生物體機能的生物體分子，全都是蛋白質。

蛋白質是**氨基酸**分子利用肽結合方式相連的大型分子。氨基酸包括了天門冬醯胺（Asn）、天門冬氨酸（Asp）、丙氨酸（Ala）、精氨酸（Arg）、異白氨酸（Ile）、甘氨酸（Gly）、谷醯胺（Gln）、谷氨酸（Glu）、半胱氨酸（Cys）、蘇氨酸（Thr）、絲氨酸（Ser）、酪氨酸（Tyr）、色氨酸（Trp）、纈氨酸（Val）、組氨酸（His）、脯氨酸（Pro）、苯丙氨酸（Phe）、蛋氨酸（Met）、賴氨酸（Lys）、白氨酸（Leu）二十種。

★蛋白質

幾十至幾百個氨基酸利用肽結合相連成巨大的化學分子。是生物的身體、酵素、荷爾蒙、抗體等生物體機能性分子主要的構成成分。

★氨基酸

擁有氨基和羧酸基化合物的總稱，是構成蛋白質的成分。天然型的氨基酸有二十種，這些按照基因設計圖相連而成為蛋白質。

氨基酸有 20 種

● 氨基酸的基本構造

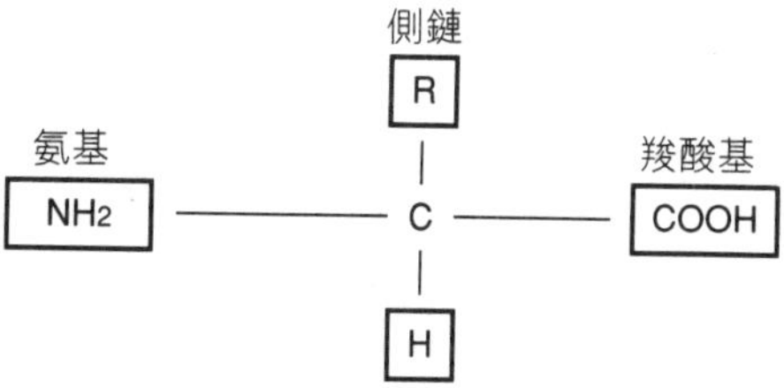

氨基（NH_2）和羧基（COOH）與相同的碳結合

● 20 種氨基酸

天門冬酰胺(Asn)	絲氨酸(Ser)
天門冬氨酸(Asp)	酪氨酸(Tyr)
丙氨酸(Ala)	色氨酸(Trp)
精氨酸(Arg)	纈氨酸(Val)
異白氨酸(Ile)	組氨酸(His)
甘氨酸(Gly)	脯氨酸(Pro)
谷酰胺(Gln)	苯丙氨酸(Phe)
谷氨酸(Glu)	蛋氨酸(Met)
半胱氨酸(Cys)	賴氨酸(Lys)
蘇氨酸(Thr)	白氨酸(Leu)

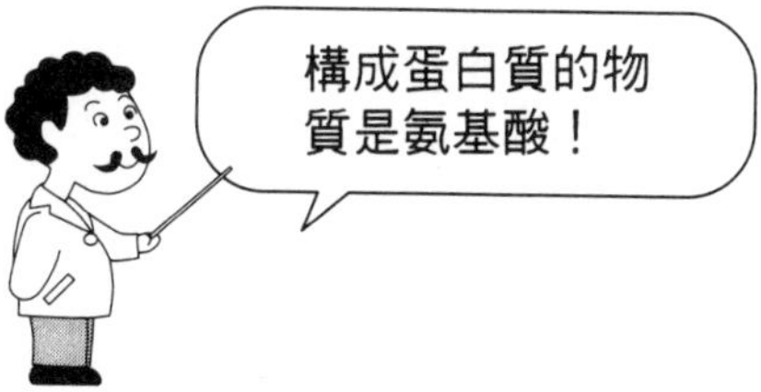

二十種氨基酸按照各種順序，一百個或二百個相連成蛋白質。

何種氨基酸，按照何種順序相連的訊息輸入基因部分的DNA當中。蛋白質是製造生物體的零件，而基因則是零件的設計圖。

◆遺傳訊息轉譯成蛋白質

基因部分的DNA鹼基（文字）序列，成爲密碼的三鹼基（文字）而與一種氨基酸對應。這個密碼轉錄到信使RNA（mRNA）上，以mRNA爲模型，替換爲氨基酸（稱爲轉譯），合成蛋白質。

四種鹼基的三個排列方式，總共有六十四種。擁有意味著開始與結束的密碼，而構成蛋白質的氨基酸種類有二十種，因此，與同一個氨基酸對應的密碼有複數個。到底哪三個文字與哪一種氨基酸對應，則所有生物都是共通的。

至於哪一種密碼使用頻率較高，則依生物種類的不同而有不同。

◆何謂「接合」？

細菌以上的生物，其基因部分的DNA，有時會存在著轉譯爲氨基酸的序列（稱爲表現序列）。此外，也會存在著轉錄到mRNA上時被剪接捨棄掉（稱爲接合）的毫無意義序列（稱爲內子）。

mRNA不會連接內子序列，只會連接在DNA中零散存在的表

「密碼」有意義

		轉錄	
	DNA	→	mRNA
鹼基	腺嘌呤(A)	→	腺嘌呤(A)
	鳥嘌呤(G)	→	鳥嘌呤(G)
	胸腺嘧啶(T)	→	尿嘧啶(U)
	胞嘧啶(C)	→	胞嘧啶(C)
糖	去氧核糖	→	核糖

利用A、G、U、C的組合決定 20 種氨基酸。但何種密碼使用頻率較多，因生物種類的不同而異。

DNA的密碼（密碼子）

密碼子的第1個文字	密碼子的第2個文字 U		C		A		G		密碼子的第3個文字
U	UUU	Phe	UCU	Ser	UAU	Tyr	UGU	Cys	U
	UUC		UCC		UAC		UGC		C
	UUA	Leu	UCA		UAA	Stop	UGA	Stop	A
	UUG		UCG		UAG	Stop	UGG	Trp	G
C	CUU	Leu	CCU	Pro	CAU	His	CGU	Arg	U
	CUC		CCC		CAC		CGC		C
	CUA		CCA		CAA	Gln	CGA		A
	CUG		CCG		CAG		CGG		G
A	AUU	Ile	ACU	Thr	AAU	Asn	AGU	Ser	U
	AUC		ACC		AAC		AGC		C
	AUA		ACA		AAA	Lys	AGA	Arg	A
	AUG	Met	ACG		AAG		AGG		G
G	GUU	Val	GCU	Ala	GAU	Asp	GGU	Gly	U
	GUC		GCC		GAC		GGC		C
	GUA		GCA		GAA	Glu	GGA		A
	GUG		GCG		GAG		GGG		G

Stop＝讀取終了

現序列，直接替換成氨基酸或轉譯爲蛋白質。

想像DNA是設計圖，mRNA是模型，蛋白質是零件，就比較容易理解了。

設計圖基因DNA除了形狀之外，也輸入了尺寸等的訊息。而模型mRNA則不需要多餘的訊息，可以直接成爲模型，製造零件。

不過，有些內子等廢物基因還是具有意義，但是，上面到底寫些什麼，至今仍無法完全了解。而且到底是按照何種途徑書寫，目前也毫無線索可尋。

在接合時，會出現因爲些許偏差而形成的表現序列部分，因而會形成與正常的mRNA稍微不同的mRNA。當然，轉譯的蛋白質也會和原先的蛋白質有些差異，這就是接合變形。

大部分都是不具功能的不良品，不過，其中也會形成活性或穩定性以及和藥物的結合力稍有差距的蛋白質。

所以，雖然人類的基因有三萬種，但是，一個基因可能會出現數個到十萬個接合變形的情況。因此，有人說實際上人體應該是由十萬種蛋白質（零件）所構成的。

接合（剪接不需要的部分）

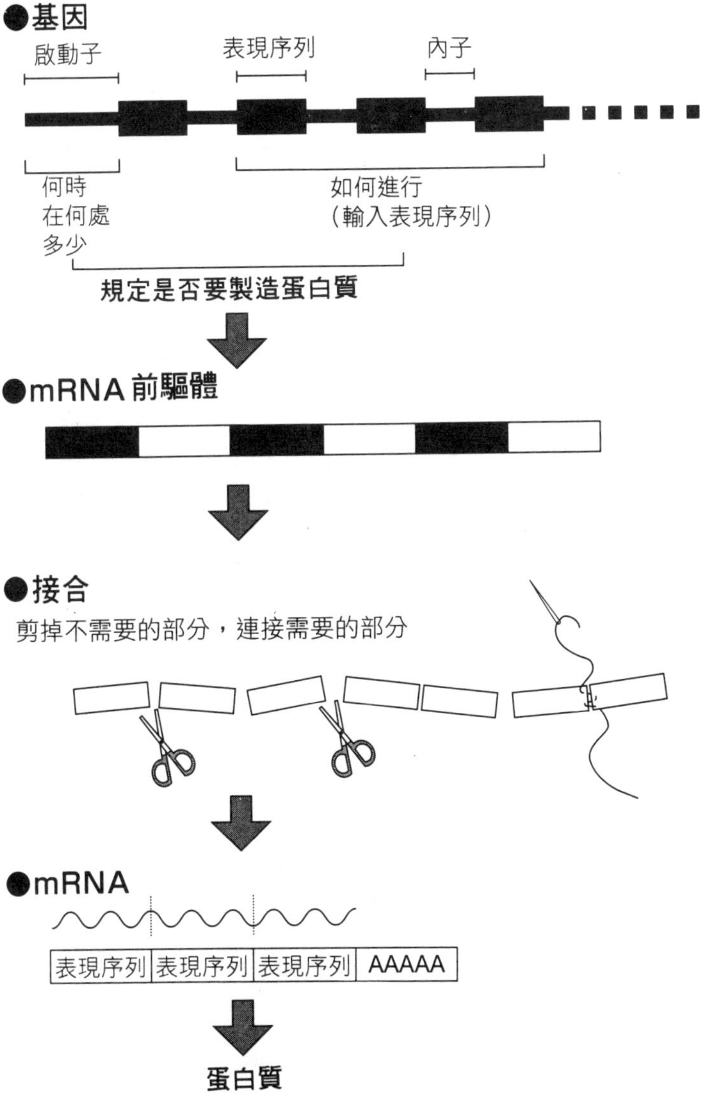
●基因
啟動子
表現序列
內子
何時
在何處
多少
如何進行
（輸入表現序列）
規定是否要製造蛋白質
●mRNA 前驅體
●接合
剪掉不需要的部分，連接需要的部分
●mRNA
表現序列
表現序列
表現序列
AAAAA
蛋白質

POST 7 GENOME

何謂RNA？

具有運送與製造工廠作用的ＲＮＡ

◆如果DNA是設計圖，那麼RNA就是模型

ＲＮＡ（核糖核酸）和ＤＮＡ同樣的，都是由核苷酸相連而成的細長絲狀分子。ＤＮＡ中構成核苷酸的糖是去氧核糖，而ＲＮＡ中構成核苷酸的糖則是核糖。

此外，ＤＮＡ的鹼基是腺嘌呤（Ａ）、胸腺嘧啶（Ｔ）、鳥嘌呤（Ｇ）、胞嘧啶（Ｃ）四種，而ＲＮＡ則是用尿嘧啶（Ｕ）代替胸腺嘧啶（Ｔ）。ＤＮＡ中的腺嘌呤（Ａ）和胸腺嘧啶（Ｔ）、鳥嘌呤（Ｇ）和胞嘧啶（Ｃ）一定各自成對。以ＤＮＡ爲模型製造ＲＮＡ時，ＤＮＡ上的腺嘌呤（Ａ）便轉錄到尿嘧啶（Ｕ）上，而胸腺嘧啶（Ｔ）轉錄到腺嘌呤（Ａ）上，鳥嘌呤（Ｇ）轉錄到胞嘧啶（Ｃ），胞嘧啶轉錄到鳥嘌呤（Ｇ）上。

像這種ＤＮＡ上的基因訊息正確的轉錄到ＲＮＡ上。ＤＮＡ上的基因訊息，有稱爲表現序列的蛋白質設計圖部分和稱爲內子的毫無意義（不明白）部分交互存在。這個鹼基序列由ＤＮＡ轉錄到ＲＮＡ上

RNA的分子構造

●鹼基（這是1個文字單位）

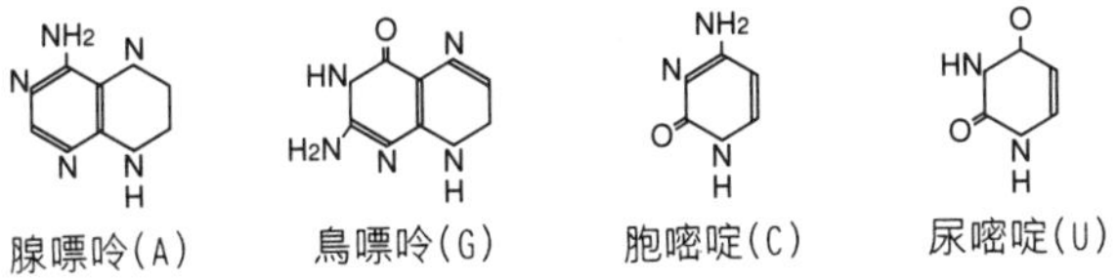

●核苷酸

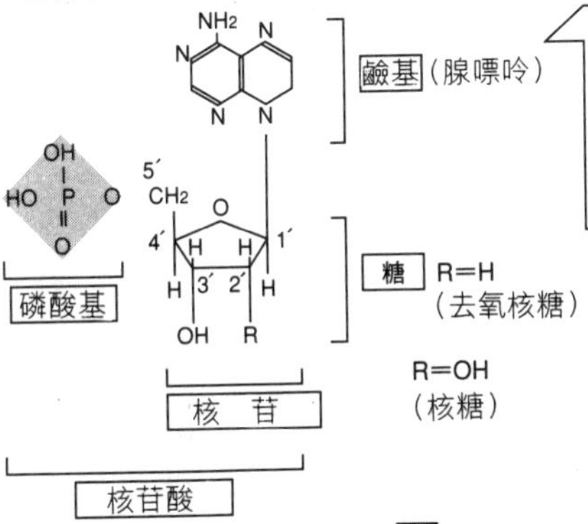

鹼基和糖結合，變成核苷，然後再與磷酸結合，變成核苷酸，這就是DNA。是構成RNA的1單位。

●RNA

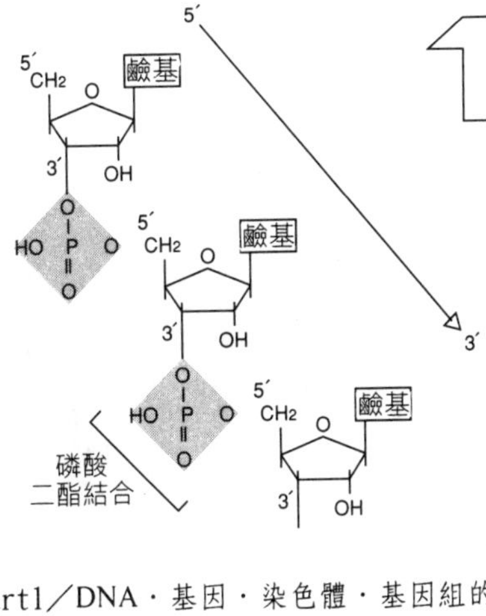

核苷酸長長的一列相連形成RNA！

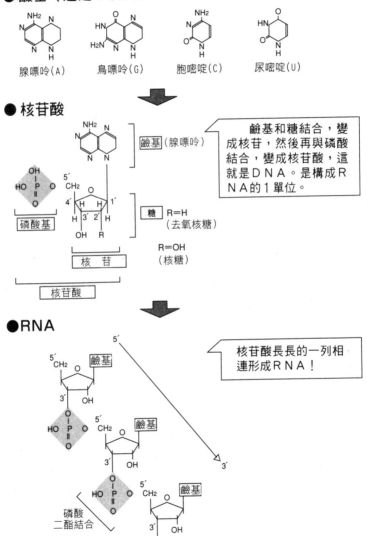

之後，內子部分藉著**接合酶**被剪接捨棄掉，只留下表現序列部分相連成爲單股RNA。這個RNA就稱爲信使RNA（mRNA）。

但是，如何分辨出序列的種類，剪接不必要的部分（內子），只留下必要的部分（表現序列）並將其連接起來，關於這些作業，目前都無法了解。以mRNA爲直接的模型，鹼基序列根據密碼替換成氨基酸，合成蛋白質（轉譯）。以mRNA爲模型合成蛋白質的細胞內工廠，就是核糖體。

保存在事務所（核）中的設計圖（DNA），製造出了模型（mRNA），模型（mRNA）再運送到工廠（核糖體），在此於必要的時候利用模型生產出必要量的各種零件（蛋白質）。

★**接合酶**
DNA序列轉錄到RNA上時，藉著接合酶的作用切斷內子部分，只留下表現序列相連形成mRNA，轉譯成蛋白質。

◆還有二種RNA

RNA除了mRNA之外，還有其他二種，也就是轉移RNA（tRNA）及核糖體RNA（rRNA）。tRNA是將蛋白質的原料氨基酸運送到工廠核糖體mRNA處的搬運工人。rRNA則製造出蛋白質合成工廠核糖體。

tRNA和擁有mRNA互補的三文字鹼基序列，利用這三文字，只和mRNA上互補的序列部分結合。

此外，tRNA對應這三個文字的密碼只和一種氨基酸結合，負

3種RNA

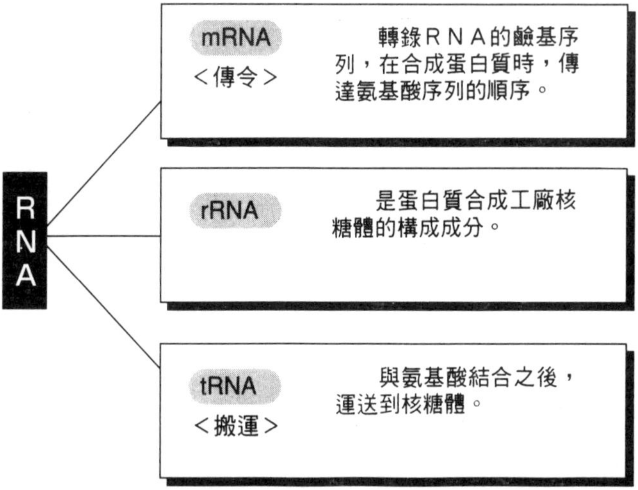
RNA
mRNA
＜傳令＞
轉錄RNA的鹼基序列，在合成蛋白質時，傳達氨基酸序列的順序。
rRNA
是蛋白質合成工廠核糖體的構成成分。
tRNA
＜搬運＞
與氨基酸結合之後，運送到核糖體。

責搬運工作，於是核糖體的蛋白質製造線上便按照mRNA的鹼基序列密碼依序送來各種氨基酸。tRNA則依序將按照DNA序列的氨基酸運送到模型mRNA處，結果就能製造出和設計圖所設計的氨基酸序列相同的蛋白質。

DNA是設計圖，需要穩定的保存，所以形成雙股螺旋。而RNA只有在必要的時候存在，若不需要就會將其破壞，因此只有單股。

POST 8 GENOME

何謂基因的發現？

調查發現就可以了解病因！

◆所謂發現是指製造出蛋白質

體內所有的細胞，全都公平的擁有整組的DNA。DNA是基因的本質，是生物的設計圖，因此，擁有相同設計圖的細胞也應該都是相同的。

但是，體內的細胞卻各自成爲不同的細胞，形成不同的組織及臟器，發揮不同的機能。

理由就是，所有的細胞，並不會打開所有的基因開關來製造蛋白質。當基因的開關打開而能製造蛋白質時，就可說我們**發現**了這個基因。

受精卵在分裂增殖、分化的過程中，基因依序開關，因時期或因細胞不同，所發現的基因也不同。

按照發現的基因不同、發現程度的不同，其產物蛋白質是否能製造出來，也會使得細胞的性質和機能不同。

基因發現的開關在成爲成體之後，會受到環境及其他各種因素的

★發現

發揮基因轉錄為mRNA或轉譯成蛋白質的機能，稱為發現，也可以稱為基因發現、蛋白質發現、機能發現。

基因的發現

●細胞A

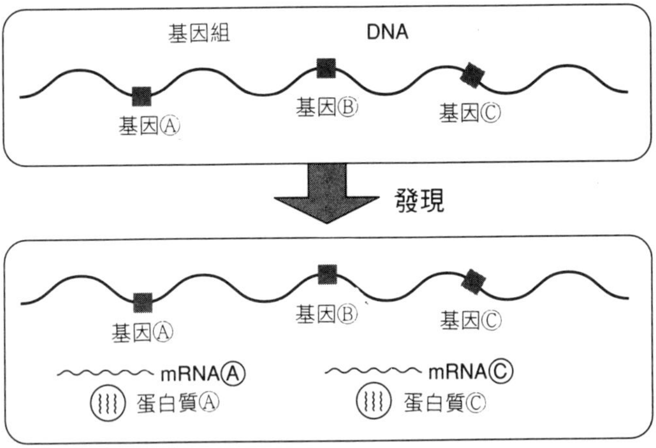

在細胞A中發現基因Ⓐ與Ⓒ

●細胞B

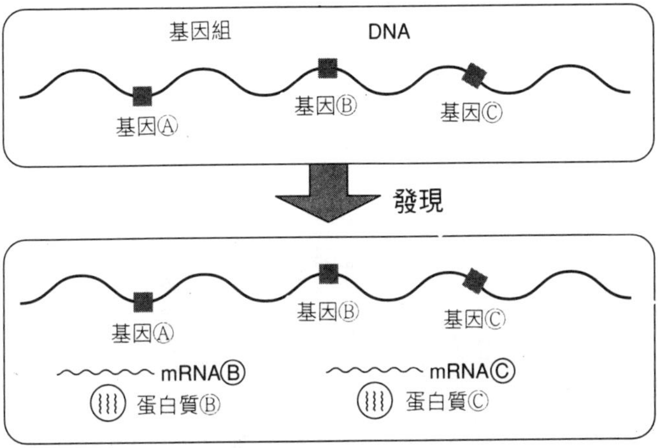

在細胞B中發現基因Ⓑ與Ⓒ

影響，每一個細胞或每一個臟器都受到了控制，而能夠維持整個生物體的機能。

即使基因本身沒有突變，但是，發現基因的開關控制露出破綻，則生物體本身就會露出破綻，成爲引起各種疾病的原因。

要調查基因的異常，則要調查基因的發現，這是診斷疾病、調查原因的重點。

◆發現mRNA的存在

基因的發現應該如何調查呢？

基因製造蛋白質時，DNA的鹼基序列最先轉錄到mRNA上，再以其爲模型轉譯爲蛋白質。

mRNA的存在，就表示這個基因被發現而能製造出蛋白質來。

因此，從健康人和病人相同臟器的細胞中抽出mRNA，讓RNA和具有互補序列的DNA雜交（結合），利用不同序列的DNA無法結合的性質，以**原位雜交**、**DNA片**或**DNA微配對**的方法來比較兩者，就能夠輕易的調查出基因的發現量。

此外，可以發現蛋白質全都藉著二維電泳法等來分離檢測出許多點，然後再將正常人的點和病人的點加以比較，找出發現量有差距的

★原位雜交法　利用與擁有RNA或DNA互補序列的DNA相結合的性質，發現基因存在於組織或臟器何處的方法。

★DNA片　將幾萬個高密度DNA片段擺在基板上合成排列，再淋上經由試劑調整過的標誌DNA，檢測出會與哪一個序列的DNA片段結合的方法。

雜　交

具有互補鹼基序列的單股DNA或RNA之間，以人工方式形成雙股的雜種核分子，即稱為雜交。

・・・ATTCGGAACTT・・・

擁有這種序列的DNA，

・・・TAAGCCTTGAA・・・

和擁有這種序列的DNA雜交，

・・・TACGCCTAGAA・・・

無法結合。

DNA只能和擁有互補序列的DNA或RNA結合（雜交）！

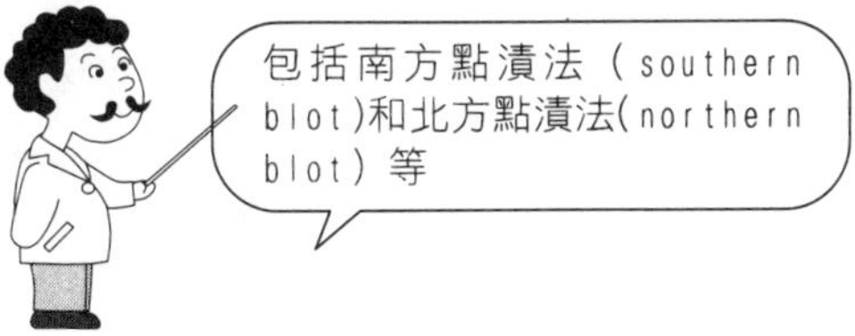
包括南方點漬法（southern blot)和北方點漬法(northern blot）等

點之後，就可由這個點取出蛋白質來進行詳細的調查。

這個研究就稱爲蛋白質學。

◆發現頻度訊息有助於解說基因機能

基因的發現頻度訊息，不只可以用來研究或診斷疾病的原因，對於基因機能的解析也具有重要的意義。

基因組解讀或基因探索的成果，就是發現許多新的基因。但是，這些基因到底具有何種機能，目前還無法完全了解。

因此，基因在何時、何種組織或臟器中被發現（身體輿圖），以及在罹患何種疾病時發現量會提升或下降等，這些發現頻度訊息，對於推測基因的機能而言，都是重要的武器。

例如，只有在發生過程的某個時期才會發現基因，就表示此基因與這個發生有關。如果是在腦大量發現，就表示應該和神經或腦功能有關。此外，罹患某種疾病時，若只有人類方面的基因發現量會改變，則表示與這個疾病的關係應該是，在於投以某種藥物或發現量出現變化時，藉此就可以推測此藥物可能有效。

至於基因的發現量，可以藉著ＤＮＡ片法等來調查。

★ＤＮＡ微配對法

幾百至幾千個已經解開序列的ＤＮＡ片段排列在玻璃等基板上，淋上經由試劑調整的標誌ＤＮＡ，即可檢測出會與哪一序列的ＤＮＡ片段相結合的方法。

DNA微配對法（DNA片）

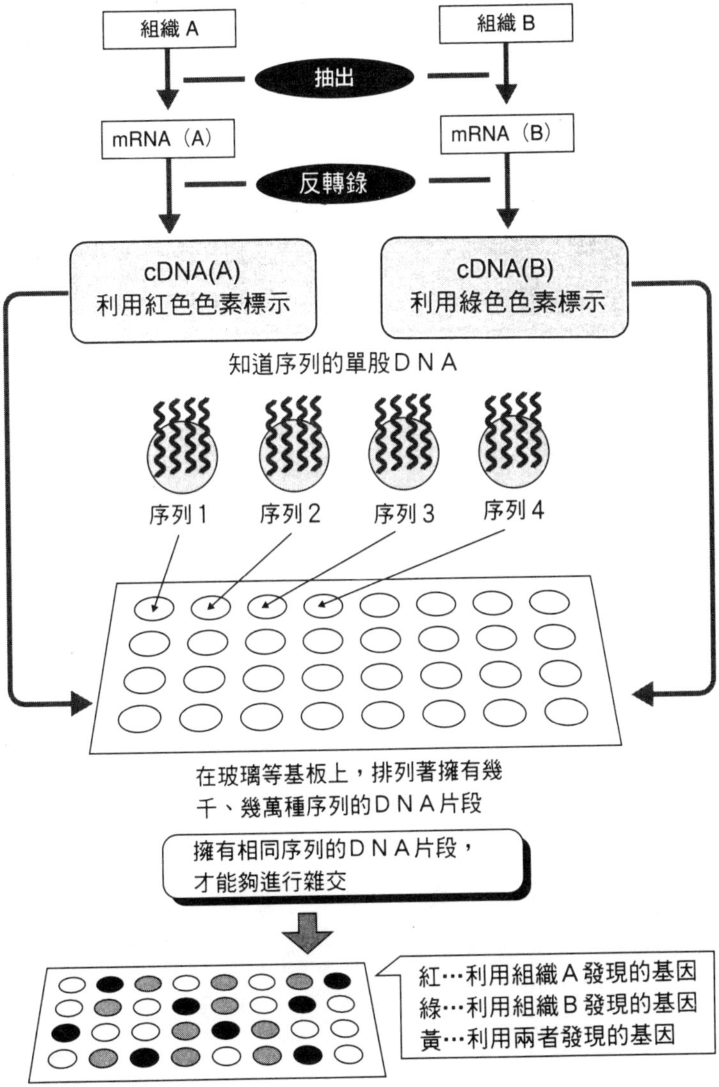

POST 9 GENOME 突變的構造

進化的要因在於ＤＮＡ的突變

◆ＤＮＡ的修復機能

生物會妥善的保存自己的設計圖ＤＮＡ，將其傳給子孫。此外，在細胞分裂時要正確的自我複製，如此生物才能成爲一個個體，也才能保存種族。

但是，即使正確無誤的保存及繼承遺傳訊息，有時難免還是會露出破綻。同時也會受到**宇宙線**或**紫外線**及各種化學物質等的影響，一個鹼基可能會被其他鹼基所替換（單點突變），或ＤＮＡ的一部分被剪掉（欠缺）、剪接之後反向相連（逆座）、剪接之後進入其他場所（轉座）、剪接部分出現重疊（重複）等，發生序列出錯的情形。

即使生物具備修復ＤＮＡ損傷的機能，但有時也無法應付。

◆幾十億年歷史中的突變

當個體一部分的細胞出現ＤＮＡ的破綻時，有時細胞會惡化而形成癌細胞。

而且，在生殖細胞中ＤＮＡ的破綻，也會成爲一種突變，傳給子

★宇宙線
在宇宙空間交錯的高能量輻射，也會下降到地球上。不過，因為被地球的磁場和大氣阻擋，所以能夠到達地表的量較少。

★紫外線
四〇〇nm以下為可見光，而紫外線則是比其波長更短的光。也存在於陽光中，是導致曬傷的原因之一。經常曬傷，可能會導致皮膚癌。

DNA的修復系統

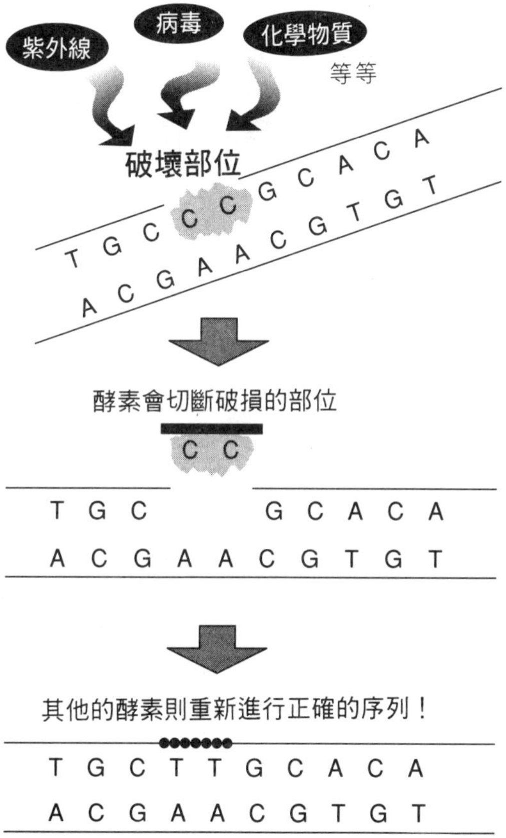

紫外線
病毒
化學物質
等等
破壞部位
T G C C C G C A C A
A C G A A C G T G T
酵素會切斷破損的部位
C C
T G C G C A C A
A C G A A C G T G T
其他的酵素則重新進行正確的序列！
T G C T T G C A C A
A C G A A C G T G T

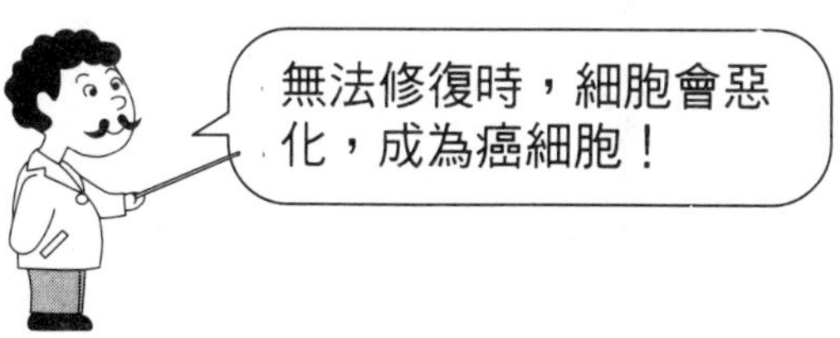

無法修復時，細胞會惡化，成為癌細胞！

孫。當然，對生物而言，突變應該算是一種致命傷。

然而，有時會巧合的出現一些比突變前更好的性質。像這種難得出現的突變，可能在幾十億年的生物歷史當中重複出現幾萬次。日積月累，就會使得生物逐漸改變、進化，形成現在的多種生物。

因此，比較各種生物的基因組，調查在何處出現何種DNA變化，就能找出進化的軌跡。

人類就是以這樣的方法，在五百萬年前和猿猴分道揚鑣，開始進化成人類。

◆僅僅一鹼基的變化所產生的突變

三個鹼基（三文字）以一個氨基酸爲密碼，在基因這麼長的文章中，只要在三文字中替換一個鹼基，就會變成另一種氨基酸，而其所形成的蛋白質，也會變成另一種蛋白質，形質也會有所不同。

僅僅一個鹼基的改變所引起的突變，就稱爲**一鹼基多型（SNPs）**。同樣是人類，也許每個人在三百萬處都各有不同，結果就形成了個人差。關於這一點，稍後再詳細探討。

基因訊息是以三鹼基爲一單位來書寫文章，若因爲欠缺等而失去部分的DNA時，例如，四鹼基等並非三的倍數的鹼基失去時，若將

★一鹼基多型（SNPs） 在DNA的鹼基序列當中，一個鹼基突變，替換成多的鹼基。據說在人類DNA一千鹼基中會存在一個SNPs。

突變與進化

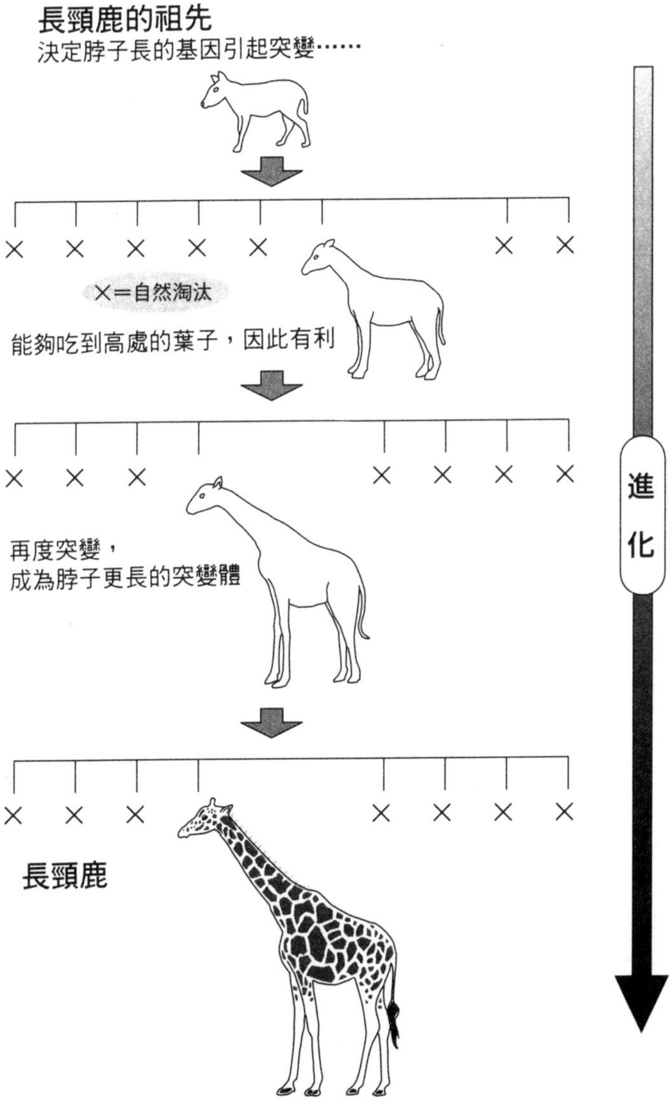
長頸鹿的祖先
決定脖子長的基因引起突變……
×＝自然淘汰
能夠吃到高處的葉子，因此有利
再度突變，
成為脖子更長的突變體
長頸鹿
進化

其當成文章來閱讀，則每一文字都會產生差距，結果就會成爲毫無意義的文章或變成另外一篇文章。這一類的突變則稱爲移碼突變。

◆經常曝露在突變的危險中

體細胞產生突變時，會成爲癌症的原因。而引起體細胞突變的原因，包括病毒、紫外線、宇宙線、輻射、化學物質等。強烈的紫外線會曬傷皮膚，成爲皮膚癌的原因，而烤焦的魚和香煙的煙中所含的化學物質，以及排放廢氣中所含的化學物質等，都會使得體細胞產生突變，成爲癌症的原因。

暴露在這些物質中的人，容易罹患癌症。例如，廣島和長崎原子彈爆炸受害者，還有車諾比核子反應堆事故，以及前不久JOC意外事故的發生等，相信大家都還記憶猶新。

這些受害者全都是因爲DNA遭到紫外線、化學物質、輻射等的破壞，使得體細胞突變而引起正常體細胞癌化。

總之，DNA、基因爲了保存訊息，準備了多重保護對策，但還是無法免於經常暴露在會產生突變的危險環境中。

DNA的天敵

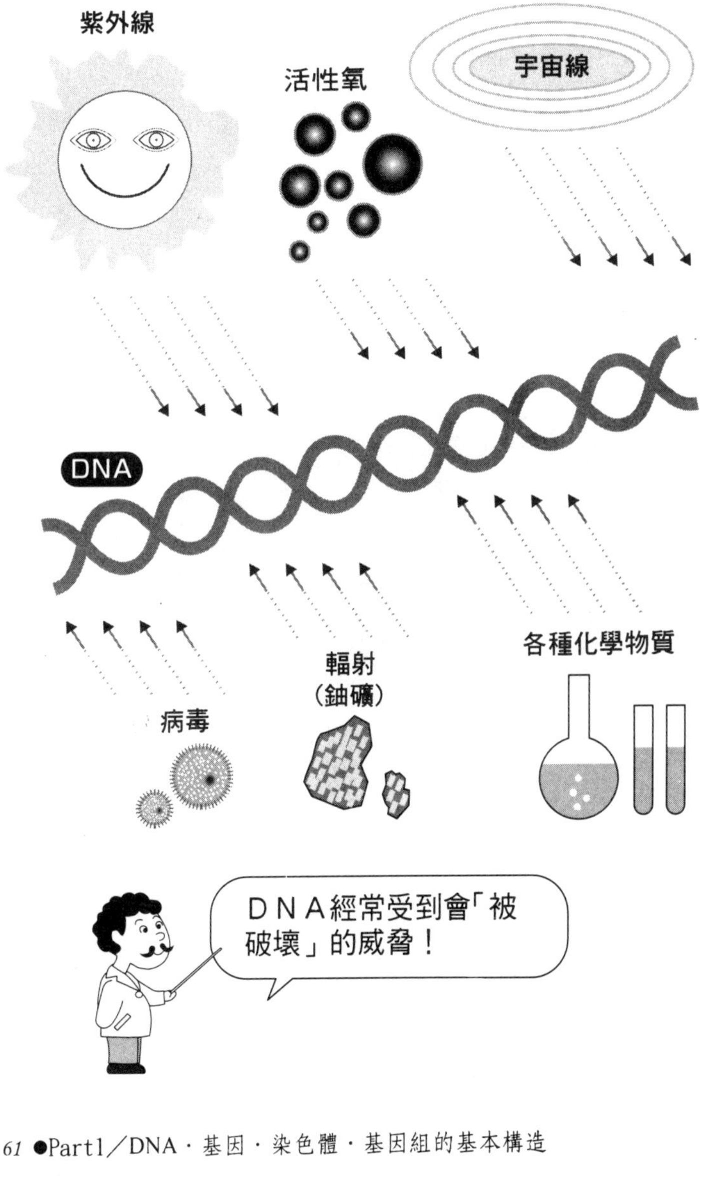

基因組解讀打開新的一頁

了解人類基因組計畫、基因組解讀的方法、基因機能的解析法等！

Part 2

基因組解讀的一切

POST 1 GENOME

人類基因組計畫的開始

最初提倡的是日本人

◆人類基因組解讀的開端

據說日本在人類基因組的研究上，比歐美各國落後了十年。

然而，事實上，人類總基因組解讀的構想，最先是由日本的科學家提出的。一九八〇年初期，現任理化學研究所、橫濱研究所基因組科學中心所長和田昭允博士（當時爲東京大學教授），就已經提出了總人類基因組解讀的必要性。

遺憾的是，這個建議並沒有獲得實現。因爲當時自動解析裝置和電腦能力較低，大家都認爲在技術上這是不可能辦到的。再加上當時的日本又處於泡沫經濟的顛峰期，國家沒有編列預算，所以不願過度張揚以刺激歐美。因爲有了這些顧慮，所以才沒有採取行動。

到了一九八〇年代中期，美國的癌症研究者**達爾貝克**在某個會議上提出人類基因組的解讀，同時獲得了ＤＮＡ雙股螺旋發現者**華生**的支持，因此提高了基因組解讀的氣運。

一九八六年，美國能源局終於提出了人類總基因組的解讀計畫，

★達爾貝克
美國的癌症研究家，因為發現致癌基因，而在一九七五年獲得諾貝爾醫學獎。一九八六年提出人類總基因組解讀的構想。

★華生
美國的遺傳學者。因為發現ＤＮＡ雙股螺旋構造，而在一九六二年獲得諾貝爾醫學獎。

最先提出人類基因組解讀的是日本人

應該解讀人類
全部基因組！
● 和田昭允博士

在1980年代初期，東大教授（現任理化學研究所所長）和田昭允博士提出了基因組解讀的必要性，但因為技術與預算方面的問題而無法付諸行動。

人類的ＤＮＡ序列為人類所擁有。如果能夠解讀人類全部的基因，也許就可以知道引發癌症等疾病的原因。
● R・達爾貝克博士

1980年代中期，R・達爾貝克博士提出了人類基因組解讀的建議，再加上Ｊ・華生博士的支持，因而展開了這項計畫。

並在翌年一九八七年正式創立了人類基因組計畫。

◆ＨＵＧＯ（人類基因組研究機構）的創立

在延攬了各界希望能加入這項計畫的人才之後，從一九八八年開始，正式成立了國際協助組織人類基因組研究機構（ＨＵＧＯ…Human Genome Organizantion）。這項研究以美國的ＮＩＨ（美國衛生研究所）爲研究的主要實施機構，負責人就是華生。在國際的協助及分工下，以十五年後的二〇〇五年爲目標，從一九九〇年展開人類基因組的解讀。

而日本的慶應大學、理化學研究所、東海大學和東京大學四個團體，也成爲國際協助團隊的一員，加入了人類基因組解讀的行列。

然而，在一九九〇年剛開始著手於人類基因組解讀研究時，因爲當初決定序列所使用的材料調整不完善，再加上自動解析裝置與電腦能力較低，因此，解讀作業無法順利進行。

所幸在經由慢慢的蒐集材料以及自動解析裝置性能的提升之下，從一九九六年開始加快解讀速度。透過日美歐通力合作，終於在一九九九年決定出第二十二條染色體的全部序列。

◆解讀競爭的開始

人類基因組計畫的歷史

1988 年	人類基因組研究者正式成立了國際組織ＨＵＧＯ（人類基因組研究機構）
1990 年	正式展開人類基因組計畫
1994 年	完成基因輿圖
1995 年	美國民間研究所完成了流行性感冒菌的基因組解讀
1997 年	完成Ｘ染色體與第７染色體的解讀
1998 年	縮短人類基因組計畫目標年數
2000 年	大致完成人類基因組解讀
2001 年	大致完成稻子基因組解讀

美國的ＮＩＨ研究者班塔，在一九九八年辭去了ＮＩＨ的工作，以老虎之名成立了塞雷拉基因組公司，來經營基因組解讀的生意。他聚集了巨額的資金，準備了三百台最新自動解析裝置以及超級電腦，設立了堪稱自動解析工廠的設施來與國際互助團體對抗，展開人類基因組的解讀。

備感威脅的國際互助團體，也將完全解讀的目標從最初的二〇〇五年提前至二〇〇三年完成。

從此展開熾熱的解讀競爭。

POST 2 GENOME

基因組解讀的方法I（國際互助團體的方法）

國際互助團體解讀人類第21條、第22條染色體

◆利用階段式散彈法製作染色體輿圖

國際互助團體所採用的方法是屬於階段式散彈法，也就是利用限制酶將每個染色體單離的ＤＮＡ切成較大的片段，然後再將這個片段放入**酵母**中使其增加（稱爲選殖）。

片段太大時，無法使用自動解析裝置來讀取鹼基序列，因此，要將增加的大片段再以其他的限制酶切成更小的片段，然後將這個小片段放入**大腸菌**中增加，利用ＤＮＡ與互補ＤＮＡ結合的性質，調查每一個片段和大片段的哪一個部分雜交（結合），藉此就可以製作出物理輿圖。這個片段的相連物就稱爲Contig。藉由反覆雜交，Contig相連成爲更大的Contig，最後就形成**染色體輿圖**。

另一方面，可以利用自動解析裝置讀取細的ＤＮＡ片段的鹼基序列。只要將這個序列貼在染色體輿圖上，就可以決定出所有染色體ＤＮＡ的鹼基序列。雖然這個方法對於ＤＮＡ的單離、切斷及選殖等較費工夫，但序列的讀取精密度非常高。此外，即使不用大型電腦，也

★酵母

有核的單細胞微生物（真核生物）。具有強大的發酵力，被廣泛使用於酒、啤酒、味噌、醬油等釀造或麵包的發酵上。

★大腸菌

無核的單細胞微生物。是生化學、遺傳學等研究中最進化的生物。

階段式散彈法

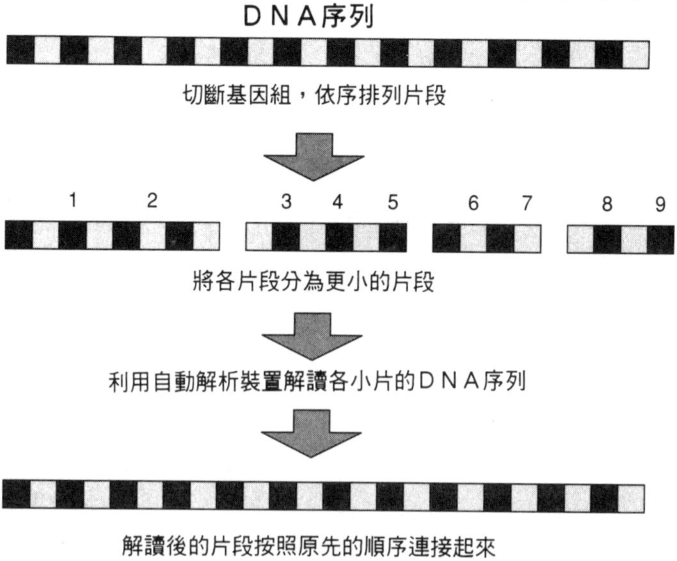
DNA序列
切斷基因組，依序排列片段
1
2
3
4
5
6
7
8
9
將各片段分為更小的片段
利用自動解析裝置解讀各小片的DNA序列
解讀後的片段按照原先的順序連接起來

可以將其連接起來。

國際互助團體爲了避免工作重複，因此事先決定解讀各個染色體的負責者。例如，日本和德國共同負責第21條染色體，並且和美國、英國共同負責解讀第22條染色體。世界上最早完成解讀的染色體，即在一九九九年解讀出來的第22條染色體，而第21條染色體則在二〇〇〇年完成解讀工作。由此可見，日本解讀技術的精密度非常高。

★染色體輿圖　將DNA的鹼基序列貼在染色體的位置上，也稱為物理輿圖。

POST 3 GENOME

基因組解讀的方法Ⅱ（總基因組散彈法）

塞雷拉公司獨自進行的解讀

◆塞雷拉公司採用的是總基因組散彈法

國際互助團體採用的是階段式散彈法，而塞雷拉公司則是採用總基因組散彈法。總基因組散彈法，就是利用超音波將全部基因組的DNA不加以區別的分散，使其變成細小的片段，再以PCR的方法增加這些片段DNA。

PCR（polymerase chain reaction）即聚合酶鏈反應的簡稱，原理非常簡單。形成雙股螺旋的DNA在遇熱後就會變成單股，各單股DNA的腺嘌呤（A）會和胸腺嘧啶（T）、胸腺嘧啶（T）會和腺嘌呤（A）、鳥嘌呤（G）會和胞嘧啶（C）、胞嘧啶（C）會和鳥嘌呤（G）結合，恢復成原先雙股螺旋的性質。

當雙股螺旋DNA加熱變成二股單股的DNA時，將其與**DNA聚合酶**一起放入DNA的原料四種核苷酸中，就會各自由單股DNA製造互補的DNA鏈，形成二股的雙股螺旋DNA。反覆進行幾次這個反應之後，就能增加好幾倍的DNA。

★DNA聚合酶

複製DNA時，成為模型的單股DNA上的鹼基依序會與互補鹼基結合，這時就必須利用DNA聚合酶使其依序連接成長的DNA鏈。

總基因組散彈法

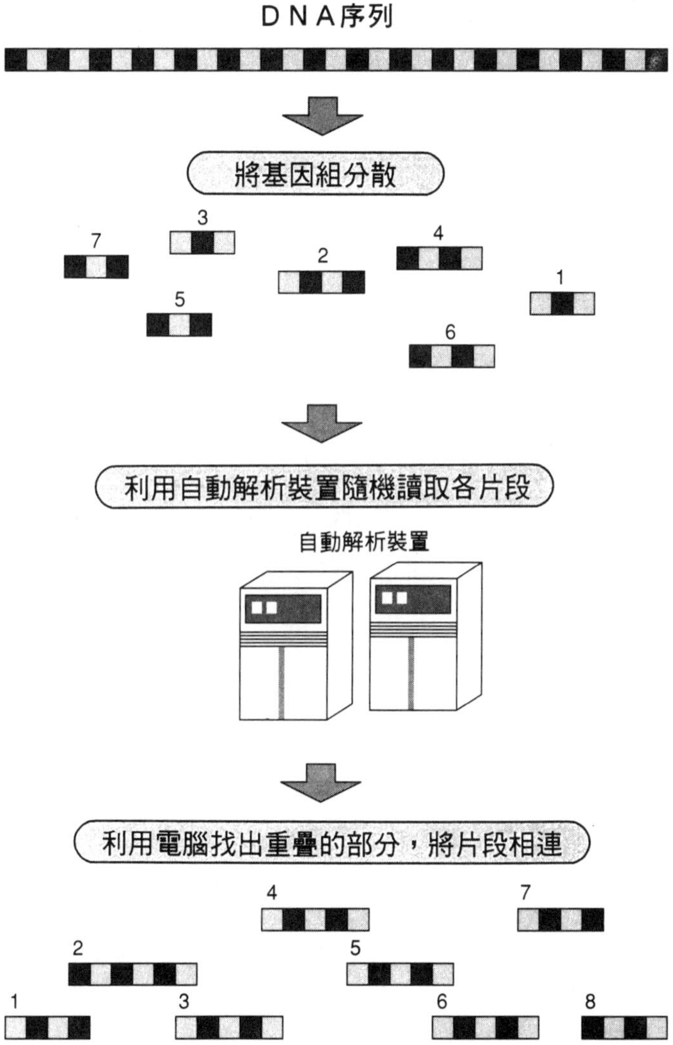

DNA序列
將基因組分散
3
7
4
2
1
5
6
利用自動解析裝置隨機讀取各片段
自動解析裝置
利用電腦找出重疊的部分，將片段相連
4
7
2
5
1
3
6
8

這些反應在試管內就能輕易進行，比起將DNA放入酵母或大腸菌中增加的方法，更能有效的增加DNA。將增加的DNA從一端開始，利用DNA自動解析裝置，就可以決定出鹼基序列。

◆利用三十億文字的DNA相連的超級電腦

這個方法和階段式散彈法不同，材料調整非常簡單，而且不需要製作染色體輿圖。因此，就好像工廠的作業流程一樣，設置了三百台自動解析裝置，日夜不停的工作，就能決定出鹼基序列。

但是，決定出的序列排列方式，不具任何訊息，所以，要將其排列好而連接起來的作業非常辛苦。而且在各處被切掉的片段中，也有互相重疊的部分。因此，必須要找出不同片段上相同的鹼基序列，將其連接起來。

爲了使三十億文字的DNA完全連接起來，則需要讀取按照八種不同剪接法剪接出來的DNA片段的鹼基序列。而要將其完全連接起來，就好像要完成幾千萬片的拼圖一樣。這是人力無法辦到的事情，因此，塞雷拉公司將這項工作交由超級電腦來負責。

◆總基因組散彈法的缺點

總基因組散彈法與階段式散彈法相比，是非常有效的基因組解讀

國際團體VS塞雷拉公司

	國際互助團體	塞雷拉公司
解讀方法	階段式散彈法	總基因組散彈法
解讀的鹼基數	27億2450萬鹼基	26億5400萬鹼基
優　點	分工合作完成解讀作業，可取得正確的基因組位置訊息及其他	解讀作業很簡單及其他
缺　點	每一個負責團體所獲得資料的精密度需要確認及其他	300台自動解析裝置必須24小時充分運轉及其他

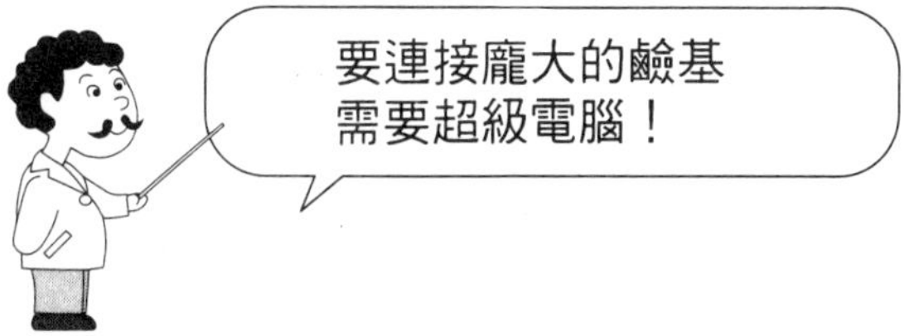
要連接龐大的鹼基
需要超級電腦！

法，但並不是完全沒有缺點。

首先，就是在將DNA剪接成小片段時，如果有未剪到的地方，那麼就無法使用自動解析裝置，使得後來的連接出現縫隙（缺口）而殘留下來。

再者擁有三十億文字序列的部分相當多，所以，在利用電腦連接時，也可能會出現錯誤的連接方式。

總之，要使其連接起來，則一定要使用超級電腦。

POST 4 GENOME

基因組序列的解析法

利用電腦預測基因機能

◆該如何讀取文字列？

不論是階段式散彈法或是總基因組散彈法，所得到的鹼基序列，都只不過是由Ａ、Ｔ、Ｇ、Ｃ三十億文字排列而成的文字列而已。既沒有句點、逗點、段落，也沒有任何標誌，即使看了也沒有任何人能讀取出這些符號所代表的意義。此外，到底從何處開始讀取，又該讀到何處爲止，關於這些問題的解答也都毫無頭緒。而且，用三個文字將一個氨基酸當成密碼開始解讀，一旦不小心弄錯一個文字，就會向後造成一個文字差的影響，無法形成文章。

在最初解讀的三十億文字列當中，首先要發現以基因爲密碼的場所。因此，只要先讀取已知的基因序列訊息，並以已經讀完的附近的序列特徵等爲線索，再利用電腦就能找出將基因當成密碼的場所（稱爲ＯＲＦ預測）。

◆基因組解析重要的生物資訊科學

接著，利用電腦找出和已知機能的基因具有類似序列的部分（稱

一旦句點、逗點挪移，則意義不明

…AATCGTATTGCATTGGCTTCGTTTAGATTAAGT…

【正確解答】

… AAT CGT ATT GCA TTG GCT TCG TTT AGA T …

【無意義】

… A ATC GTA TTG CAT TGG CTT CGT TTA GAT …

【無意義】

… AA TCG TAT TGC ATT GGC TTC GTT TAG AT …

基因組解讀是人類所繪製的最棒輿圖

人之初，性本善，性相近，習相遠…

人／之初性／本善／性相／近習／相遠…

一旦段落弄錯，就
無法成為文章！

爲相同性解析）。像這樣利用電腦爲基因組訊息標上標點符號，就稱爲註解。而使用電腦處理這種基因組（生物）訊息的學問，就稱爲**生物資訊科學**。

現在生物研究者或資訊系列研究者，亦即生物企業或資訊系列企業已經結爲一體，致力於開發能夠解析、預測基因機能的新的**算法**（algorithm）以及程式。

◆篩選不了解機能的基因

但是，利用電腦（生物資訊科學）來進行預測解析，其能力畢竟有限。對於至今仍完全不了解機能的基因，無法預測其機能。使用電腦給予註解，利用相同搜索來預測基因的機能，就稱爲篩選。

基因組的註解或是 in silico 篩選，與其說是生物資訊科學，還不如說是資訊科學（IT）。因此，大型製藥企業必須要加強和資訊系列企業之間的相互提攜。

以塞雷拉公司爲例，知道即使是現在的超級電腦，也對於龐大三十億文字訊息量的人類基因組解析無法完全發揮能力，認爲需要著手開發功能更強大的電腦，於是最近正與電腦製造商全面互助合作。

★生物資訊科學

利用電腦解析DNA序列資料，找出基因部分或類似序列，預測蛋白質的構造或機能。這對於基因組解析而言是非常重要的技術。

★算法

原本是為了引導出正確解答而使用的數學演算法。在此是指使用電腦導出正確解答的程式。

生物資訊科學

只要看基因組序列，即可知道
基因在何處？

基因在何處？
基因的機能為何？

解讀密碼需要電腦

在基因組解讀中，處處都要
使用ＩＴ

生物資訊科學
【Bio Informatics】

POST 5 GENOME

基因組與cDNA

只要得到cDNA訊息就有利於基因組解讀！

◆何謂mRNA

基因組是由三十億文字所寫成的密碼文，因此，閱讀書寫出來的文章，是非常辛苦的作業。

基因是轉譯到DNA上的蛋白質部分，以三個文字與一個氨基酸對應。在必要時，基因會針對發現在細胞、組織、臟器中必要的部分製造出必要量的蛋白質。

當基因發現時，首先要將密碼轉錄到mRNA上。

基因DNA中也含有無法轉譯到蛋白質的**內子**（intron）序列，mRNA會藉著接合剪接掉內子序列，因此，轉譯到蛋白質上的只剩下表現序列（exon）部分，而不包含內子序列。mRNA能夠輕易的從組織或臟器中取出。

★內子
存在於基因的DNA序列當中，不存在轉譯為蛋白質的部分。利用接合將其捨去，就可以形成mRNA。

◆何謂cDNA（complementary DNA，互補DNA）？

在生物中，通常由基因DNA轉錄形成mRNA，再由mRNA轉譯成蛋白質。但是，RNA病毒則不是以DNA，而是以RNA為

何謂mRNA？

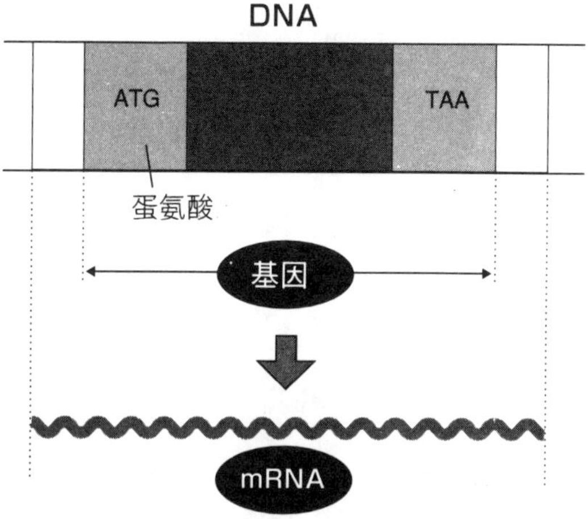

基因是轉譯到ＤＮＡ上的蛋白質部分，以３個文字和１個氨基酸對應

遺傳的設計圖。

RNA病毒，擁有由RNA製造DNA的**反轉錄酶**。使用這個反轉錄酶，就可以經由mRNA合成DNA。以此方法製造出來的DNA，就稱爲cDNA。也就是說，生物是藉由基因DNA以轉錄製造出的mRNA爲模型，再次以人工方式製造出DNA。

原先的基因DNA與這個cDNA並不是相同的東西。基因DNA中有內子序列，但cDNA卻沒有內子序列。cNDA就是蛋白質設計圖本身。

只要從特定的細胞或組織中取得mRNA，就可以製造出cDNA。所以，一定是可以從該細胞或組織發現的基因。亦即是在生物體內能夠發揮機能的基因。

此外，cDNA輸入大腸菌或動物細胞等中，經由培養就可以產生蛋白質。使用轉錄酶再次製造mRNA，mRNA在試管中也可以製造出蛋白質。

只要得到cDNA，就能夠輕易的調查出基因組中較不易了解的基因的機能。

★反轉錄酶

通常是以DNA為模型，利用轉錄酶製造出RNA，但RNA病毒卻擁有能夠以RNA為模型來製造出DNA的反轉錄酶。利用這個反轉錄酶，以mRNA為模型，就可以製造出cDNA。

cDNA是可以轉譯成蛋白質的設計圖

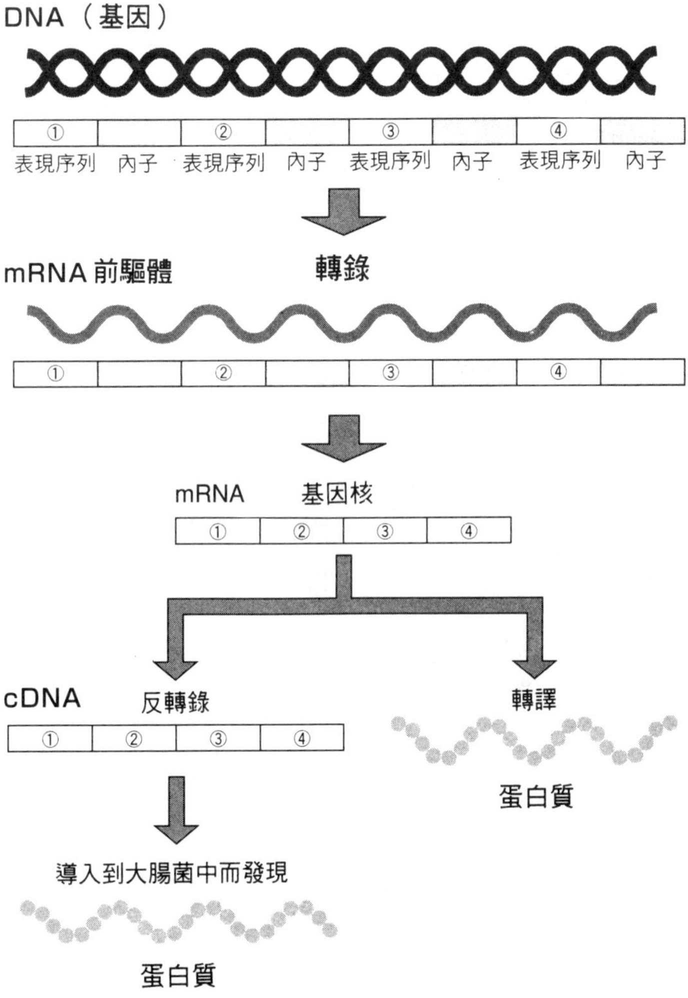

◆能夠幫助基因組解析的cDNA訊息

但是，從mRNA無法輕易的合成能夠彌補基因部分的cDNA（稱爲完整長度cDNA）。這是因爲一旦mRNA形成立體構造，DNA的合成就會終止。

mRNA頭的部分擁有特殊的結構，稱爲帽端結構。在帽端結構讓合成寡RNA結合，而具有這個寡帽端結構的mRNA，才可以使用反轉錄酶合成cDNA。這是日本學者花費許多工夫想出的有效合成完整長度cDNA的方法（稱爲寡帽端法）。

經由這項發明，就可以得到蛋白質（零件）設計圖，即完整長度cDNA。

一旦得到了cDNA訊息，就能夠幫助基因組解析。以cDNA序列爲線索，找尋基因組序列當中類似的序列，藉此即可從基因組密碼中發現基因的部分。

不光只是找出基因部分，也能估計這個基因到底具有何種機能。

除了總基因組解讀之外，同時進行cDNA的搜集及解析，這對於解析生物的遺傳訊息而言，是非常有效的方法。關於這一點，稍後再詳細爲各位敘述。

寡帽端法（Oligocap 法）

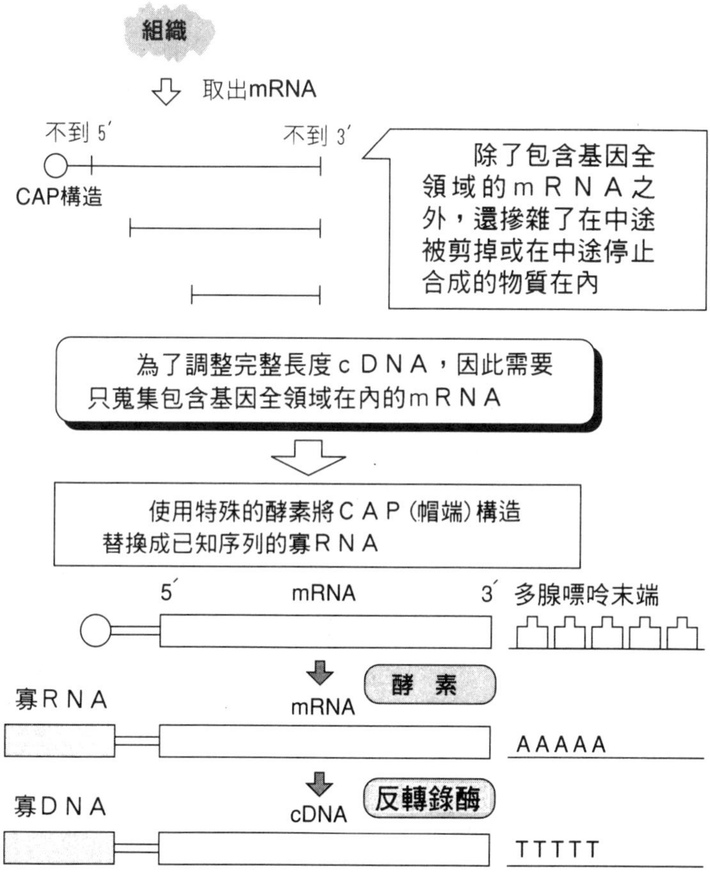
組織
取出mRNA
不到 5′
不到 3′
CAP構造
除了包含基因全領域的ｍＲＮＡ之外，還摻雜了在中途被剪掉或在中途停止合成的物質在內
為了調整完整長度ｃＤＮＡ，因此需要只蒐集包含基因全領域在內的ｍＲＮＡ
使用特殊的酵素將ＣＡＰ（帽端）構造替換成已知序列的寡ＲＮＡ
5′
mRNA
3′
多腺嘌呤末端
寡ＲＮＡ
mRNA
酵 素
ＡＡＡＡＡ
寡ＤＮＡ
cDNA
反轉錄酶
ＴＴＴＴＴ

以寡ＤＮＡ為引子，藉著ＰＣＲ反應（聚合酶鏈反應）增加ｃＤＮＡ，就可以得到完整長度ｃＤＮＡ複製品。經由完整長度ｃＤＮＡ，就可以製造出蛋白質

POST 6 GENOME

後基因組時代

由基因組解讀到基因機能解析

◆由三十億文字序列當中發現基因部分

人類基因組的解讀，是指解讀三十億鹼基（文字）序列。也就是說，從完全不明白具有任何文意狀態的四種文字（A、T、C、G）排列出三十億文字分量的內容。

當然，任何人都無法了解或利用其中所含的意義。必須要爲這個文字排列加上標準符號，同時進行讀取其文意的作業，這就是後基因組時代的競爭。

DNA上有稱爲廢物基因的部分和轉譯爲蛋白質的基因部分。基因零散存在於DNA上，基因部分只有全部DNA的二、三%而已。

首先，要從三十億文字序列當中，發現基因部分。

◆特定出基因機能

使用電腦從已知序列的基因序列中找出類似部分（序列相似性搜尋），找出與基因部分共通性較高的序列，發現轉譯起點和終點（ORF預測），藉此發現基因部分。

基因只佔基因組DNA的2～3％

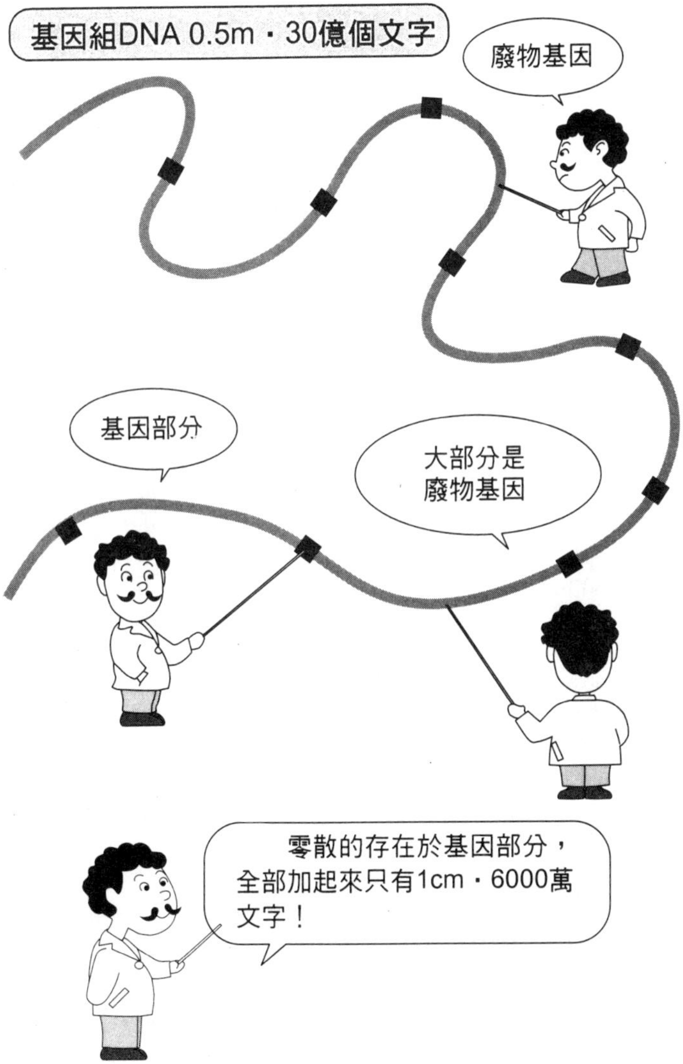

目前已經開發銷售進行這些預測的軟體，不過尚未出現能夠百分之百正確預測的軟體。

利用電腦找出基因部分，但這個基因到底會轉譯成什麼樣的蛋白質？這個蛋白質到底能夠發揮何種機能？目前不得而知。

儘管知道擁有相似的基因就可以預測具有共通的機能，但是否真的如此，沒有人能夠保證。

爲了特定出基因的機能，因此，必須要得到基因的產物蛋白質（零件），調查其機能及活性。

但是，基因序列中存在著內子，也就無法轉譯成蛋白質的序列，如果維持原狀，就無法發現蛋白質。因此，沒有內子的完整長度ｃＤＮＡ成爲重要的武器。

此外，也可以製造出將基因植入動物中（導入外來基因動物）或基因遭到破壞的破壞基因動物。調查這些動物的形質，就可以直接調查基因的機能。

另一方面，佔基因組大部分的廢物基因部分到底在寫些什麼，目前尚未找到調查的方法。

得到蛋白質零件

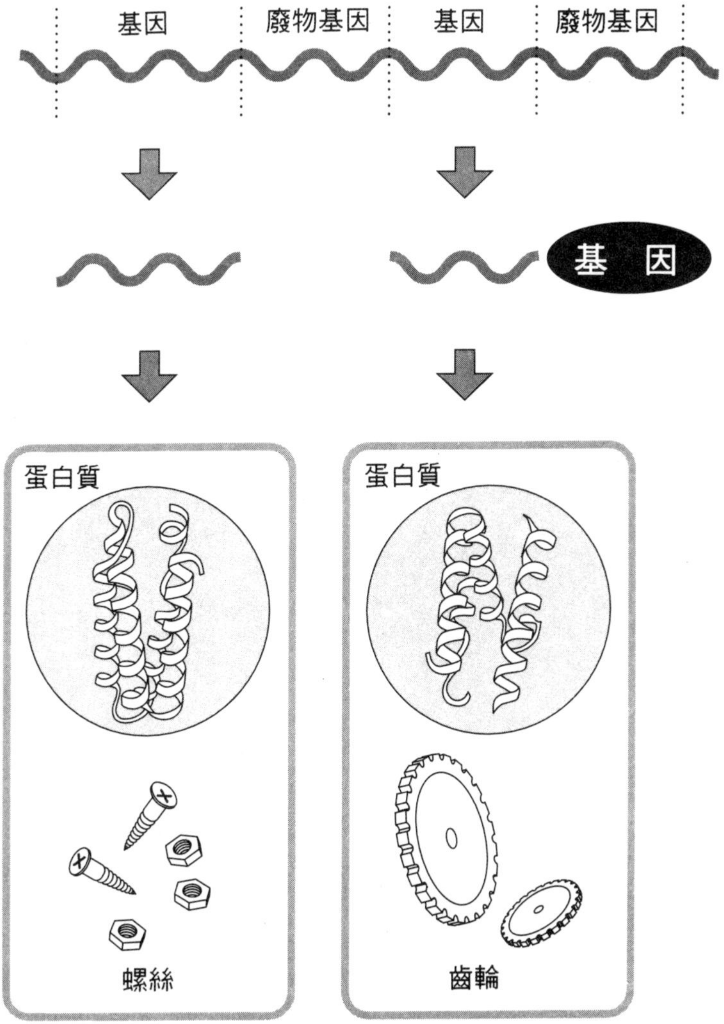

基因
廢物基因
基因
廢物基因
基 因
蛋白質
蛋白質
螺絲
齒輪

POST 7 GENOME

基因機能解析法

製造出導入外來基因動物及破壞基因動物

◆如何調查基因機能

基因組解析、基因機能解析到底是如何進行的？經由基因組解讀得到的密碼序列資料，使用電腦進行ＯＲＦ預測、**序列相似性搜尋**等註解、in silico 篩選。

但是，就算按照這樣的方式發現了基因組序列中的基因序列，也只不過是推測而已。實際上，需要取出這個部分的ＤＮＡ，借助大腸菌等的力量來進行選殖。經由選殖得到基因ＤＮＡ後，再植入動物中來發現蛋白質，實際調查其機能。

★序列相似性搜尋

從基因組的基因序列當中，利用電腦找出與已知基因序列類似的序列。這是一種生物資訊科學。

◆導入外來基因鼠與破壞基因鼠

一個方法就是，製造導入外來基因動物（基因改造動物）或破壞基因動物。當然無法用人類來進行這樣的實驗，一般是使用老鼠作爲實驗動物。

老鼠和人類的基因組非常類似，當然並非完全相同。不過，在解讀人類基因組的同時，也可以解讀老鼠的基因組。

誕生了沒有尾巴的破壞基因鼠

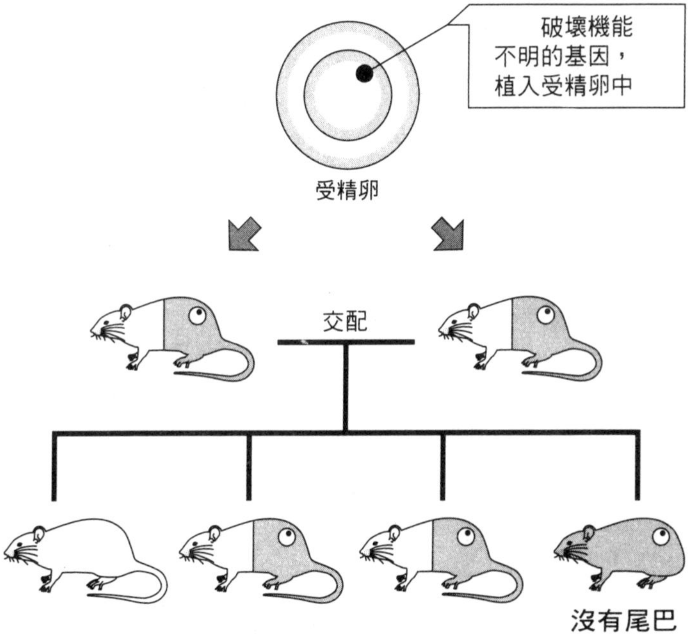
破壞機能
不明的基因，
植入受精卵中
受精卵
交配
沒有尾巴

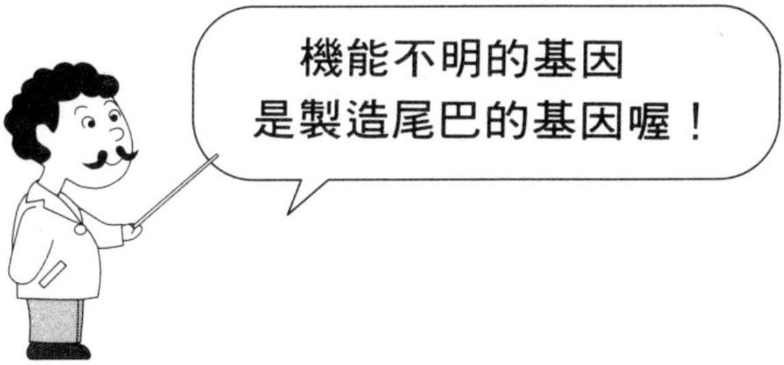
機能不明的基因
是製造尾巴的基因喔！

導入外來基因鼠，就是藉著製造出植入某種特定基因的老鼠，看牠生下具有何種形質或疾病的老鼠，藉此就可以調查出植入的基因在生物體內具有何種作用。

另一方面的破壞基因鼠，則是讓某種特定基因無法發揮作用（無法轉譯成蛋白質），加以擊潰（破壞），然後調查生下老鼠的形質的變化或新出現的疾病等，藉此就可以知道被破壞的基因，在生物體內到底具有何種作用。

◆問題雖多但卻是重要的技術

但這個方法具有以下的問題。首先，非常花費工夫及金錢，利用這個方法調查許多基因，非常的麻煩。要製造一個基因的導入外來基因鼠，最少需要三個月的時間及幾百萬圓，而製造破壞基因鼠，則要花半年以上的時間以及一千萬圓以上。而且就算好不容易製造出導入外來基因鼠和破壞基因鼠，也可能沒有發生任何形質上的變化。

此外，爲了生存所需要的基因，或對發生過程而言具有重要作用的基因，在發生過程中就已經死亡，結果就無法製造出導入外來基因鼠或破壞基因鼠。

另外，老鼠和人類並非完全相同，相同基因對人類是否具有同樣

導入外來基因鼠

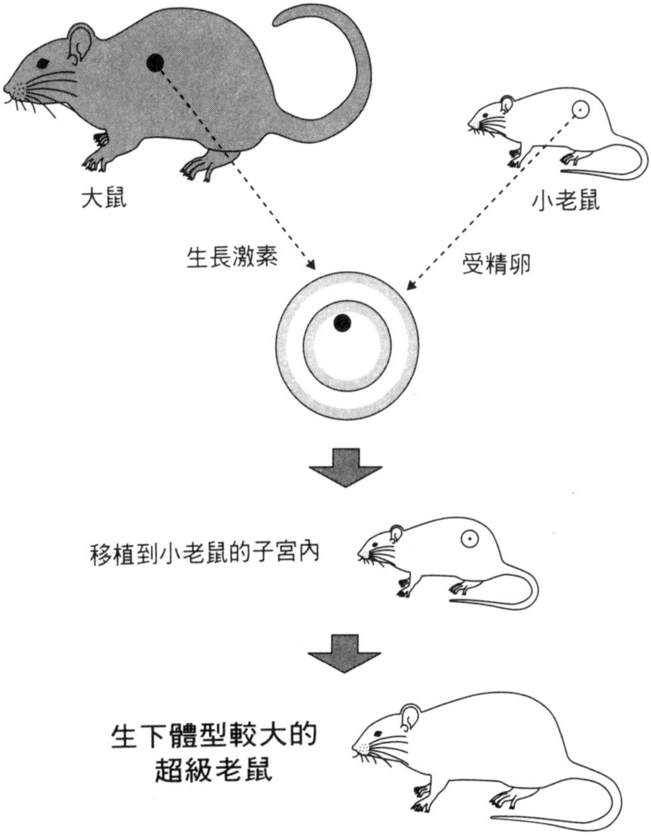
大鼠
小老鼠
生長激素
受精卵
移植到小老鼠的子宮內
生下體型較大的
超級老鼠

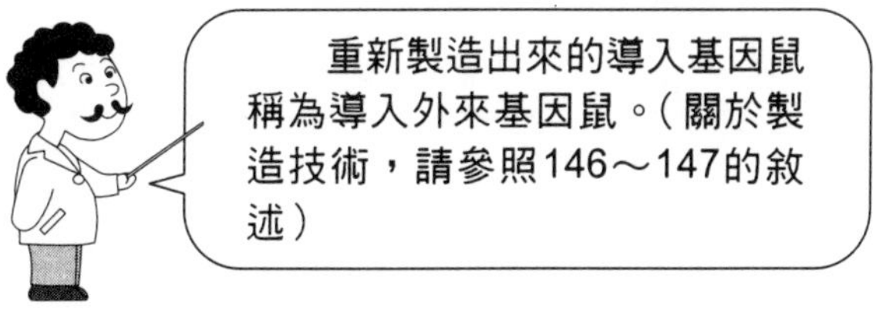
重新製造出來的導入基因鼠稱為導入外來基因鼠。(關於製造技術，請參照146～147的敘述)

的作用也不得而知。

◆找出相似基因

人類的基因（cDNA）植入實驗動物老鼠的體內時，並不見得能夠發揮基因機能或發現蛋白質。就算發現基因，也不見得具有與人類相同的形質或症狀。人類和老鼠即使非常類似，但畢竟還是不同。要發現與人類基因非常類似的老鼠基因，植入之後，才能製造出導入外來基因鼠或破壞基因鼠。

爲了找出相似基因，不能解讀人類的基因組，而要解讀老鼠的基因組。但即使如此，也不見得就會發現相似的基因。因爲人類和老鼠畢竟是不同的動物。

儘管如此，如果導入外來基因鼠或破壞基因鼠產生了一些疾病症狀，則不光是對基因機能解析有所幫助，也可以成爲疾病模型動物，藉以進行藥物的篩選，所以，的確是很有用的方法。

在國內外已經成立了接受委託專門製造導入外來基因鼠或破壞基因鼠的投機企業。由此可知，導入外來基因鼠或破壞基因鼠是相當重要的技術。

導入外來基因與治療藥

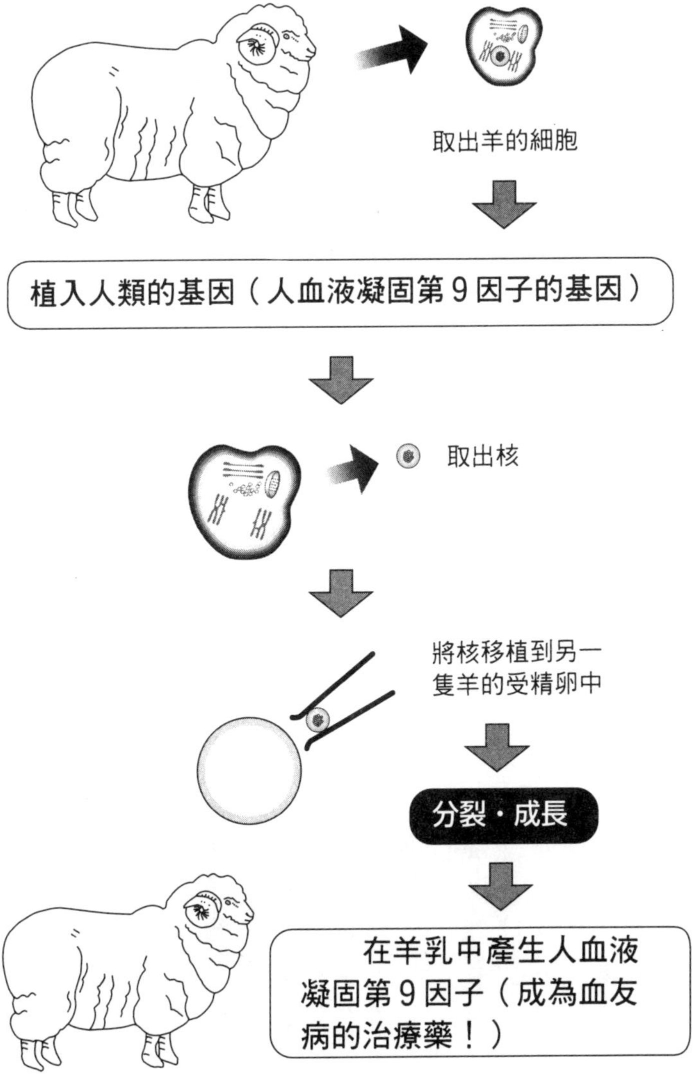
取出羊的細胞
植入人類的基因（人血液凝固第9因子的基因）
取出核
將核移植到另一隻羊的受精卵中
分裂・成長
在羊乳中產生人血液凝固第9因子（成為血友病的治療藥！）

蛋白質機能的解析法

POST 8 GENOME

要確認蛋白質是「螺絲」還是「齒輪」

◆調查轉譯為蛋白質的基因

另一種基因機能解析的實驗法，就是調查基因產物蛋白質所具有的機能。

基因在生物體內轉譯成蛋白質，蛋白質會發揮各種機能。因此，如果實際得到蛋白質，那麼，對於了解基因的機能而言，具有重大的意義。

換言之，如果說基因是設計圖，那麼，蛋白質就是零件。若能夠實際得到零件，就能知道其到底是螺絲還是齒輪。

◆蛋白質的一次結構

如果知道基因的DNA序列，則只要使用電腦並根據前述的密碼表，就能替換成氨基酸序列。氨基酸序列稱爲蛋白質的一次結構。

但是，光靠蛋白質的一次結構，無法預測蛋白質的機能，因爲蛋白質必須要擁有**α—螺旋**或**β—摺疊結構**的二次結構，以及再摺疊的三次結構等高次結構，才能發揮其機能。

★α—螺旋

蛋白質二次結構的一種。氨基酸序列稱為蛋白質的一次結構，另外還有螺旋狀的二次結構部分。

★β—摺疊結構

蛋白質二次結構的一種。狀似絲帶攤開來的長條狀結構。α—螺旋與β—摺疊結構進行各種組合、摺疊而形成三次結構。

蛋白質的高次結構

●DNA

··· AAT ／ CGA ／ TCC ／ TGC ···

●蛋白質1次結構

··· Asn — Arg — Ser — Cys ···

●蛋白質高次結構

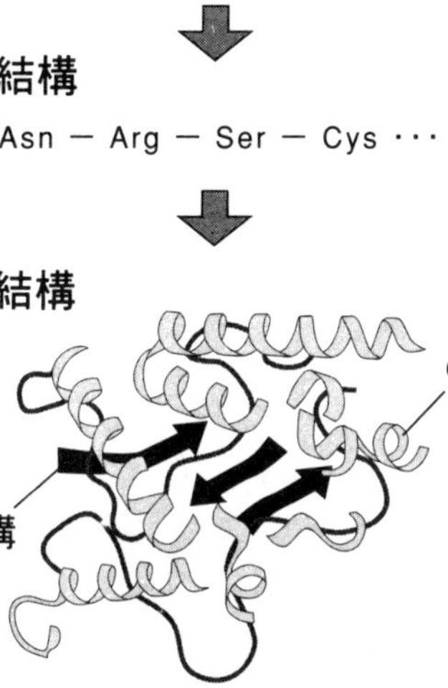

一次結構就是蛋白質的展開圖。由DNA序列預測蛋白質的高次結構來進行推測其機能的程式開發，但是目前進行得不並理想。

因此，若要實際發現蛋白質，詳細調查其結構及機能，這對基因機能的解析而言是非常重要的工作。

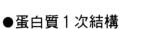

POST 9 GENOME

老鼠的基因組解讀

老鼠是最合適的實驗模型動物

◆老鼠的基因組容量與人類相似

老鼠是最重要的實驗動物。牠在遺傳上具有均一的系統（近交系統），而且也可以製造成許多疾病的模型鼠。

人類不可能以實驗的方式製造出基因改造動物或破壞基因動物，但老鼠可以這麼做。老鼠可以說是最適合用來調查基因機能的動物。

老鼠與人類同樣是哺乳動物，基因容量同樣是三十億鹼基，兩者的基因非常類似。

利用老鼠以實驗的方式來解析基因機能，比較老鼠與人類的基因組，幾乎就可以知道人類所有的基因機能。

此外，爲了製造導入外來基因鼠或破壞基因鼠，就必須得到與人類基因類似的老鼠基因（ｃＤＮＡ）。因此，老鼠的總基因組解讀，對於人類的基因機能解析而言非常重要。

進行人類基因組解讀的美國投機事業塞雷拉公司，也進行老鼠的基因組解讀，同時還銷售老鼠與人類的基因組資料庫。

人和老鼠的基因組容量

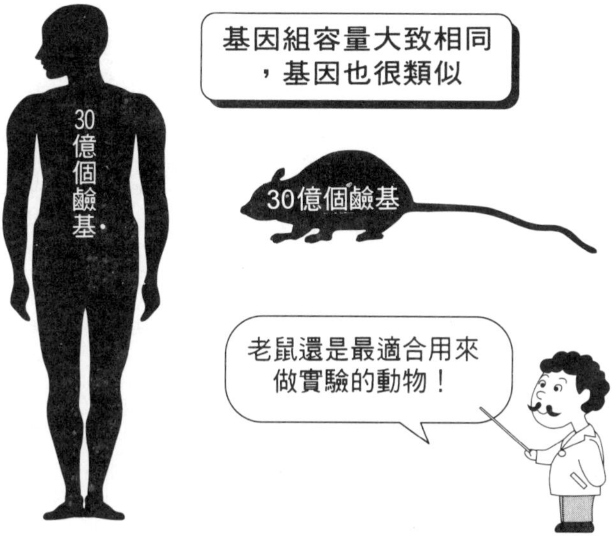
基因組容量大致相同，基因也很類似
30億個鹼基
30億個鹼基
老鼠還是最適合用來做實驗的動物！

在日本，雖然沒有進行老鼠的基因組解讀，但是，理化學研究所的研究團體，針對老鼠的互補cDNA進行收集以及序列解析，其中的一部分資料也已經公開發表。

理化學研究所於五年內在三千個cDNA（互補DNA）中發現了蛋白質，並使用世界最棒的NMR設備來進行蛋白質的結構解析。

POST 10 GENOME

黑猩猩的基因組解讀

人類和黑猩猩的差距只有一、二％！

◆接近人類的黑猩猩的基因組

老鼠的基因和人類大致相同，但仍然有些差距。若能解讀與人類相近的黑猩猩的基因組，或將黑猩猩的基因組和已經完成解讀的老鼠的基因組、人類的基因組相比較，就可以知道人類特有的基因了。

人類和黑猩猩基因組的差距，只有一到二％。換言之，若能知道這一、二％，就能解開人類之謎。

比較老鼠、黑猩猩與人類的基因組，發現所有的基因組共通保存的部分，對掌管生命現象而言，都是非常重要的部分。不只是基因部分，至今仍無法了解到底某種東西是以何種方式書寫，也無法掌握這些解答的端倪，的確存在一些廢物基因的部分。期待今後能夠發現到底廢物基因上寫些什麼？記錄了哪些指令。

◆黑猩猩基因組解讀的現狀

現在，日本國立遺傳研究所的研究團體，已經開始進行比較人類和猴子基因組的「銀色計畫」。國立感染症研究所也準備開始進行猴

人類與類人猿的主要差距

子的基因組解讀。

最近，日本理化學研究所基因組科學中心（GSC）的研究團體，公開發表世界上最先進的黑猩猩基因組解讀的進行情況，並得到了來自世界各國極大的迴響，所以，應該可以與解讀人類和稻子的基因組時一樣，進行國際間的合作。人類基因組解讀需要花十年的歲月來進行，不過期待能在五年內完成。

POST 11 GENOME

植物的基因組解讀

比較落後的稻子基因組解讀

◆基因組全部解讀的第一號為何?

在國際的互助合作之下，已經完成解讀白葶藶（十字花科）植物的總基因組。可以說完全解讀高等生物基因組的第一號。白葶藶的基因組容量非常小（一百八十萬文字，爲大腸菌的一半以下），世代時間較短，在實驗室內即可栽培，因而被選爲植物的代表。今後這類基因組解析將會不斷的進步，或許可以用來改良作物等實用植物。

實用植物如稻子等的基因組解讀，也在國際互助的情況下持續進行。對於稻子的基因組解讀，日本堪稱在世界上具有領導的地位，並且持續進行稻子基因組解讀工作。若能了解稻子的基因機能，那麼，就能培養出對抗寒害或病蟲害以及增加收穫量的稻子，這對於解決糧食危機而言的確是一大福音。

★**白葶藶** 十字花科的植物，是高等植物中基因組容量較小、世代時間較短、容易栽培，所以可以進行總基因組解讀。

◆其他植物的解讀?

與稻子同樣是代表性穀類的小麥、玉米，基因組容量非常大，因此無法進行總基因組解讀。小麥的基因組容量爲人類的五倍以上，即

白葶藶的基因組解讀

●白葶藶

十字花科
分佈於日本全國及亞洲大陸

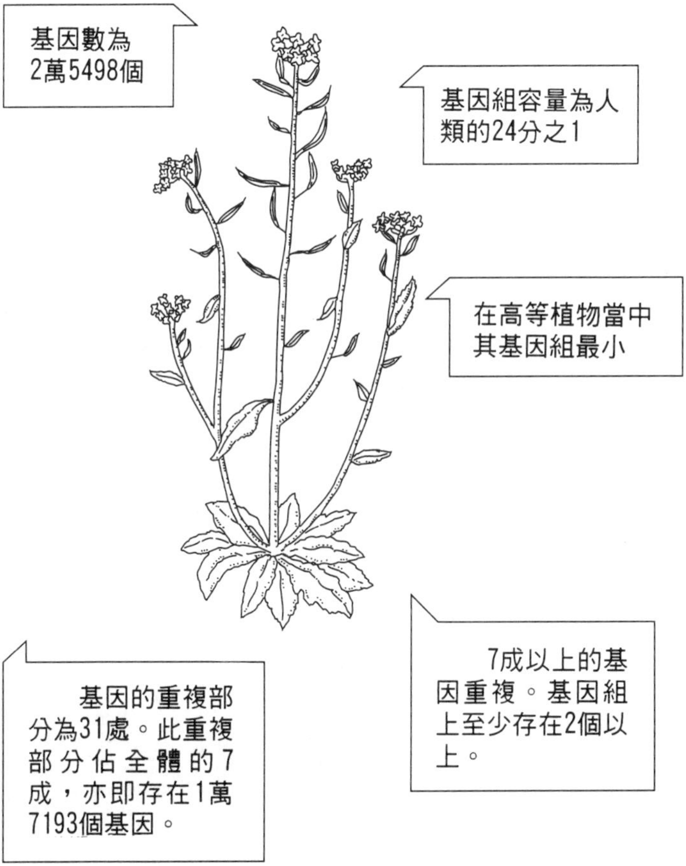
基因數為
2萬5498個
基因組容量為人
類的24分之1
在高等植物當中
其基因組最小
基因的重複部
分為31處。此重複
部分佔全體的7
成，亦即存在1萬
7193個基因。
7成以上的基
因重複。基因組
上至少存在2個以
上。

一百六十億文字。

稻子、小麥、玉米同樣是**單子葉植物**，因此，稻子基因組解析的結果，也可以應用在小麥或玉米等的品種改良上。

★單子葉植物

植物在發芽時，分為一片葉子的單子葉植物及二片的雙子葉植物。稻子、小麥、玉米等穀類，全都是單子葉植物。

◆稻子基因組解讀領先一步

二〇〇一年二月初，英國、瑞士系列農業綜合企業最大型的星詹公司，發表已經完全解讀稻子基因組。日本仍持續進行人類基因組解讀，但在稻子基因組解讀上卻比歐美企業更爲落後，這使得在稻子基因組解讀方面居於領導者的農林水產省深受打擊，立刻發表見解，認爲「星詹公司的稻子基因組解讀只有九九．九%的精準度，還無法達到實用階段。日本將會加速解讀，希望早日達成實用階段的九九．九%的精準度」。對日本國民而言，稻子基因組解讀失敗比起人類基因組解讀失敗是更爲嚴重的事情。即使有很多人會吃麵包，但日本人的主食畢竟還是米。

若因爲稻子基因組解讀，使得稻子的基因專利被歐美企業奪走，則往後要進行稻子的品種改良，也必須要求歐美企業轉讓實施權，這樣就必須支付實施費用。一旦日本田地所種植的稻米納入歐美企業營利活動的傘下，將會使得米價上漲，造成日本國內消費者的負擔。

稻子基因組解讀的衝擊

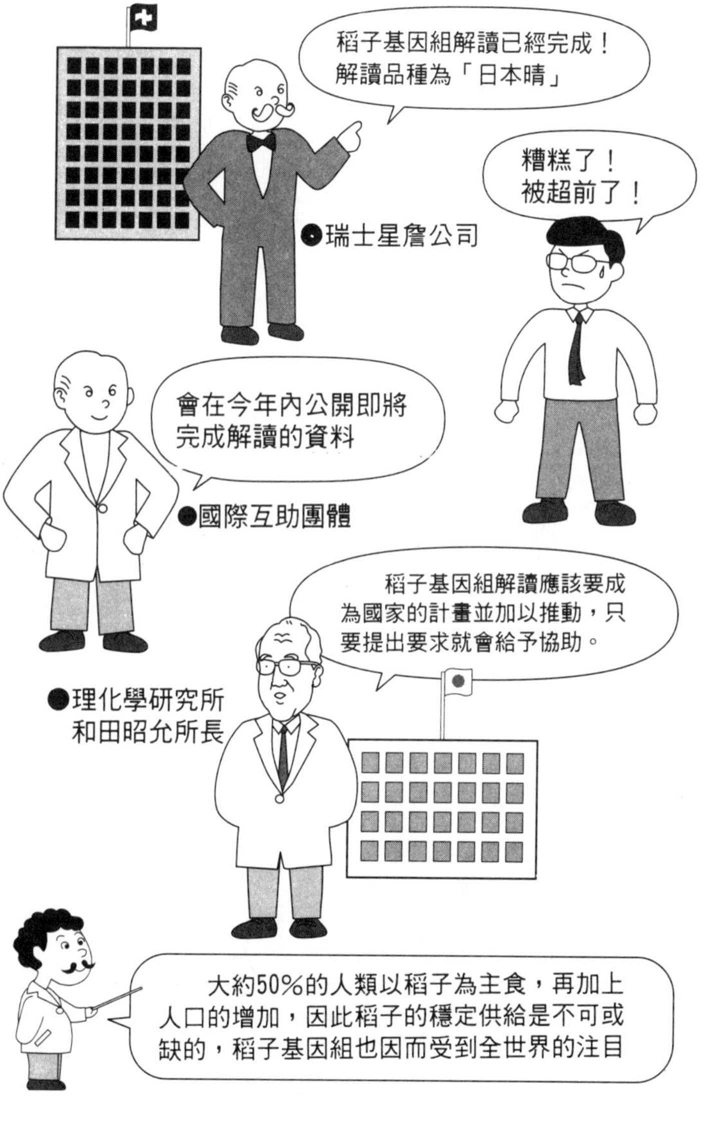

稻子基因組解讀已經完成！解讀品種為「日本晴」
●瑞士星詹公司
糟糕了！被超前了！
會在今年內公開即將完成解讀的資料
●國際互助團體
稻子基因組解讀應該要成為國家的計畫並加以推動，只要提出要求就會給予協助。
●理化學研究所和田昭允所長
大約50%的人類以稻子為主食，再加上人口的增加，因此稻子的穩定供給是不可或缺的，稻子基因組也因而受到全世界的注目

POST 12 GENOME 微生物的基因組解讀

可以應用於各方面的病原菌

◆對於病原菌基因組解讀的期待

微生物的基因組，容量非常小，爲人類的一千分之一（3MB…三百萬鹼基配對）。到目前爲止，已經解讀三十種微生物的基因組序列。幾乎都是**病原菌**，因爲只要知道病原菌的基因組，則對於預防感染症的藥物或治療（藥物）的開發有所幫助。

★**病原菌**　一旦感染動植物，就會使其引起疾病的細菌。廣義來說，包括病毒、立克次體、原蟲等在內的病原菌微生物，都是屬於一種病原菌。

◆有助於工業、食品加工

除了病原菌之外，大腸菌、枯草菌、酵母、氨基酸生產菌等工業用、食品用微生物的基因組，也全都被解讀完成。這些基因組訊息可以用來改良菌株，目前正在研究藉此製造出更能有效生產物質的微生物來。此外，也可發現具有新機能的酵素等，利用在工業或食品加工上。

◆期待環境修復技術的進展

一九九六年，日本的數左DNA研究所，成功的解讀出具光合作用的**藍藻**的總基因組，並在網路上公開其鹼基序列，這使得日本成爲

★**藍藻**　能夠進行光合作用的一種細菌。日本的數左DNA研究所最早解讀出這種真核生物的總基因組。

進行解讀的主要生物種

項　目	基因組容量	基因數（蛋白質）
大腸菌	4,639,221	4,289
結核菌	4,411,529	3,918
枯草菌	4,214,814	4,100
藍　藻	3,573,470	3,168
流行性感冒菌	1,830,135	1,709
超適熱性原始細菌	1,765,118	1,765
適熱性甲烷菌	1,751,377	1,869
幽門螺旋桿菌	1,667,867	1,566
肺炎衣原體	1,230,230	1,052
梅毒螺旋體	1,138,011	1,031
發疹傷寒立克次體	1,111,523	834
沙眼衣原體	1,042,519	894

世界上第一個解讀出真核生物藍藻的總基因組的國家。

除了病原菌、工業用微生物之外，也希望今後能解讀對環境淨化等具有較高能力的微生物基因組，期待今後基因組的成果能增進環境修復技術。

藍藻在原始地球上因為光合作用，而消耗掉高濃度的二氧化碳，製造出氧，造就了現在的地球環境。期待它能抑制現在成為嚴重問題的二氧化碳濃度上升現象，對環保有所幫助。

POST 13 GENOME

其他生物的基因組解讀

基因組容量非常小的果蠅

◆果蠅的基因組解讀

基因組容量較小、世代交替時間較短等適用於研究基因組解析的研究用生物，還包括了**果蠅**、河豚、**斑馬魚**、**線蟲**等。

長久以來，果蠅便是適用於遺傳學研究用的生物。原因在於世代交替的時間只有短短的二、三週，飼養簡單，眼睛的顏色或翅膀的形狀也具有容易確認的形質變化，而且容易引起突變。

基因組容量爲較小的一・八億文字，適合於用來進行總基因組解讀。過去遺傳學研究成果可以和經由基因組解讀所得到的基因組資料的解析相連接。進行果蠅總基因組解讀的就是塞雷拉公司。

◆其他實驗模型動物的解讀

斑馬魚是在解析發生構造方面最優秀的實驗動物。河豚則是具有基因組容量最小的四億文字的脊椎動物。至於線蟲，則是已經能夠完全了解其構成身體細胞家譜的多細胞生物。這些都是實驗動物中重要的研究材料。

★果蠅

小型的蠅。長久以來被當成遺傳上的研究用生物，擁有很多遺傳學上的訊息，同時也進行了整基因組解讀。

★斑馬魚

鱂魚的一種。由於受精卵是透明的，所以被用來研究發生學，同時也進行了基因組解讀。

果蠅的基因

●果蠅的基因數

果蠅　1萬3601個

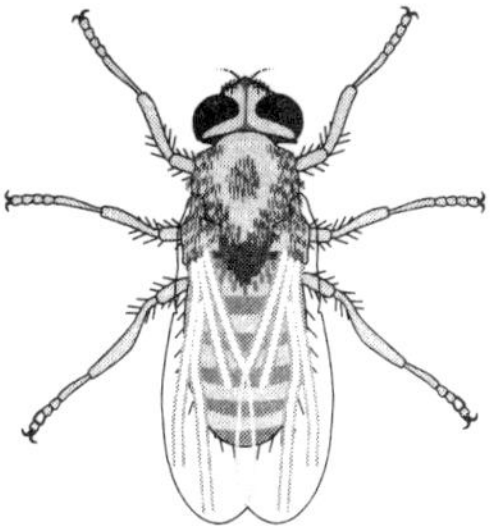

酵母菌　6362個

線蟲　1萬8891個

果蠅的基因比
線蟲更少！

●經由果蠅發現到的人的疾病基因

人的疾病
基因289個

↓

177個（61％）
是由果蠅發現
的

人的致癌
基因67個

↓

46個（68％）
是由果蠅發
現的

★線蟲
屬線形動物門。回蟲也是線蟲的一種。其種類非常多，多半棲息於地下，為身體構造單純的多細胞生物。目前已經明白其全部細胞的家譜，因此被廣泛運用在遺傳學的研究上。

走向後基因組時代

ｃＤＮＡ計畫、基因組創藥、基因專利等，了解基因組周邊的發展！

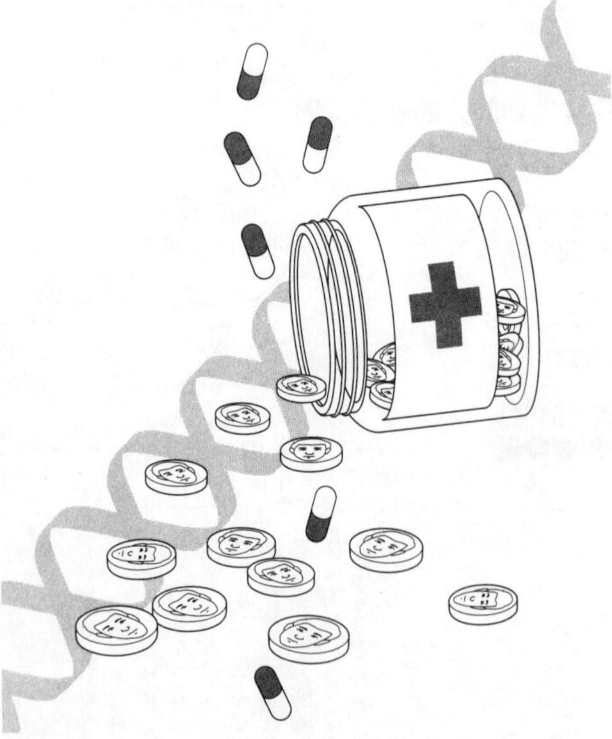

Part 3

基因組周邊的發展、基因組生意

即將接近終點的人類基因組計畫

POST 1 GENOME

日本真的在基因組競爭中失敗了嗎?

◆即將看到基因組計畫的終點

二十世紀的最後一年，對人類而言是特別值得一提的一年。二〇〇〇年四月，塞雷拉公司宣佈完成了基因組的解讀，同時開始進行給予企業資料庫存取權的生意。

深受打擊的HUGO，在同年六月也公開總基因組的概要。所謂基因組概要，就是雖然存在著無法完全連接的部分（形成縫隙或缺口部分……文字讀取錯誤或有遺漏的狀態），但是，已經大致了解基因組序列的大概內容。

大約還要花二年的時間才能完全了解人類的基因組。一九九〇年開始訂立這項十五年計畫，而現在人類基因組計畫已經接近終點了。

美國的柯林頓總統對此給予極高的評價：「人類基因組輿圖可說是人類至今所製作的最重要輿圖。」

但是，有關HUGO的人類基因組解讀方面，日本的貢獻度只不過是六至七％而已，比起美國的六七％、英國的二二％而言，大幅度

人類基因組計畫即將到達終點

2000 年 4 月　塞雷拉公司宣佈完成解讀基因組

↓

開拓給予企業資料庫存取權的生意

↓

2000年6月ＨＵＧＯ（國際互助組織人類基因組研究機構）公開總基因組概要

人類基因組輿圖
可說是人類至今所製
作的最重要輿圖！

●柯林頓總統（當時）

的落後。若單就這數據來看，日本在基因組競爭中似乎是失敗了，但事實真是如此嗎？

◆日本的解讀的確較為落後，但是……

所謂基因組，即「生物維持個體生存必要的所有遺傳訊息組」，而生物細胞所擁有的一套的全部DNA，就是基因組。

換言之，人類總基因組的解讀是，讀取轉載在人類全部DNA上的三十億文字序列。就算能夠完全讀取，但對於標點符號、讀法、意義等卻完全不明白。

這三十億文字的基因部分，會先轉錄到mRNA上，再轉譯爲蛋白質。據說全部DNA的幾%左右就具有十萬種基因，不過根據最近的估計，應該只有三、四萬種。

也就是說，即使宣佈解讀了總基因組，但是，到底在何處有何種基因存在，具有何種機能的蛋白質在何時、何處被轉譯，和何種疾病有關，具有何種形質等，目前幾乎完全不明白。

基因輿圖的確是記錄所有基因非常重要的地圖，但是，可以說根本還是一張尚未畫上山谷河川的空白地圖。

今後將進入後基因組時代，也可說是基因機能解析時代。

如果說二十世紀是基因組時代，那麼，二十一世紀就是後基因組

目前基因組輿圖還是一張空白地圖

嗯，這樣什麼也不知道呢！
針對何處有何種基因等重點來進行基因機能解析，將是後基因組時代的工作。

時代、基因機能解析時代。而能夠解析基因組、基因機能，基因組研究才能成為對人類有益的技術。

如此看來，即使在基因組解讀方面較落後的日本，也仍然擁有取得真正勝利者的機會。能夠活用拿手的技術，利用所收集到的財產完整長度cDNA儘早明白更多基因的機能，這才是最重要的。

POST 2 GENOME

日本獨自的計畫（cDNA計畫）

攝取比歐美更佔優勢的完整長度cDNA技術

◆日本佔優勢的cDNA計畫

先前提及，日本在基因組解讀方面不如歐美進步，但真正的勝敗卻取決於基因機能的解析上。

所幸日本採取能夠轉譯爲蛋白質的**完整長度cDNA**的技術，這比歐美更佔優勢。現在在國際計畫方面，從一九九九年到二〇〇一年爲止的三年內，計畫要收集三萬個新的人類完整長度cDNA，目前已經收集到一萬個。

一般認爲在人類基因組當中約存在十萬個基因，而三萬個則相當於人類基因的三分之一。只要得到這些蛋白質，解析其機能，就能彌補在基因組解讀上落後的劣勢，確保優勝者的地位。因爲若能解析機能，就能獲得基因專利。

日本國家或企業，打算集中研究資源，在解析蛋白質的結構與機能上，以此作爲後基因組研究的主要課題。

★完整長度cDNA（互補DNA）
轉譯為蛋白質，包括全領域在內的cDNA。完整長度cDNA植入微生物或動物細胞當中，就能製造出蛋白質。

人類基因組的計畫與cDNA計畫

●2種計畫到底有何不同？

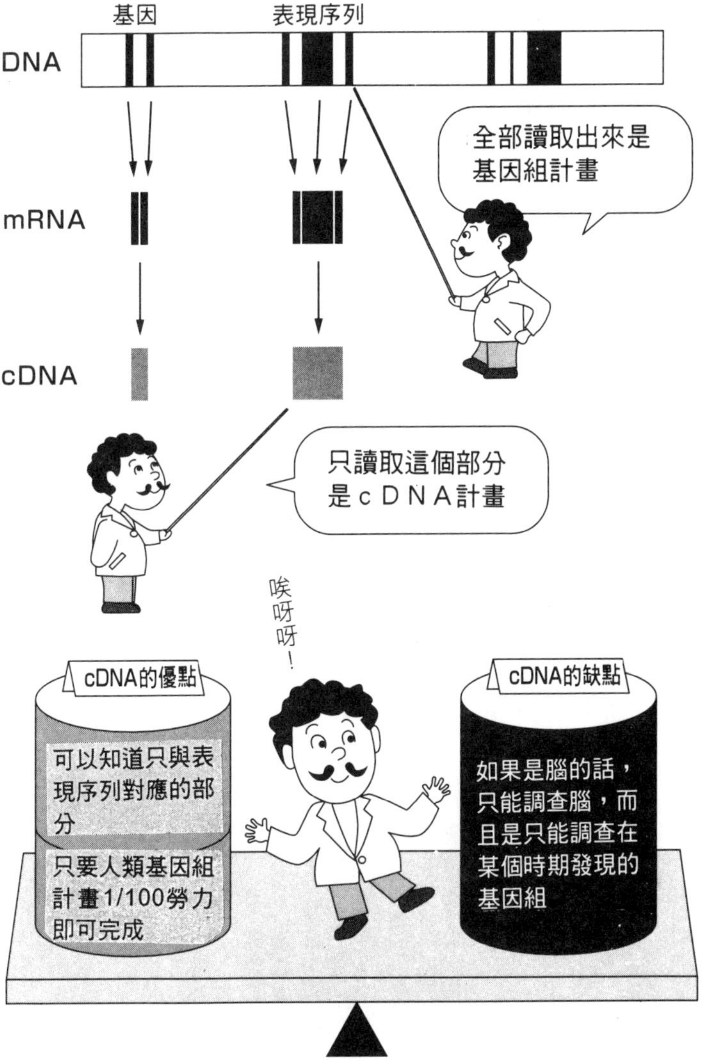

◆基因機能解析競爭在研究預算方面沒有勝算

當然，歐美也不會放棄基因機能的解析工作。

現在，基因組解讀大致完成的基因組解讀企業美國塞雷拉公司，三年內發現了一萬個蛋白質，同時宣佈要取得**抗體**。與基因組解讀同樣的，歐美對於解析基因機能將會以物量作戰的方式來進行。

日本的國家生物相關預算約達四千億圓，歐美的預算則爲其十倍規模，研究開發費超過二千億圓的製藥企業並不在少數。

全日本製藥企業第一名的武田藥品工業，花了七百億圓進行研究，而全部製藥企業的研究開發費，總計爲八千億圓。物量作戰的戰爭，日本並沒有勝算。

★**抗體**

掌管生物體防禦作用的免疫物質之一，是巨大的蛋白質分子。對於抗原具有較高的特異性，能與抗原結合。是由B細胞這種免疫細胞生產出來的。

◆將軍事密碼解讀技術運用在基因組密碼解讀上

不光是研究費的問題，基因組解析也需要密碼解讀。最擅長解讀密碼的當然就是軍方。在歐美，尤其是美軍，應該擁有許多解讀密碼的技術及軟體。

解讀密碼需要高度的數學技巧。基本上，軍事密碼和生物密碼是相同的。歐美所具有的高度軍事密碼解讀技術，也可以應用在基因組密碼解讀上。日本在這一方面比美國更落後。

今後的研究方向性

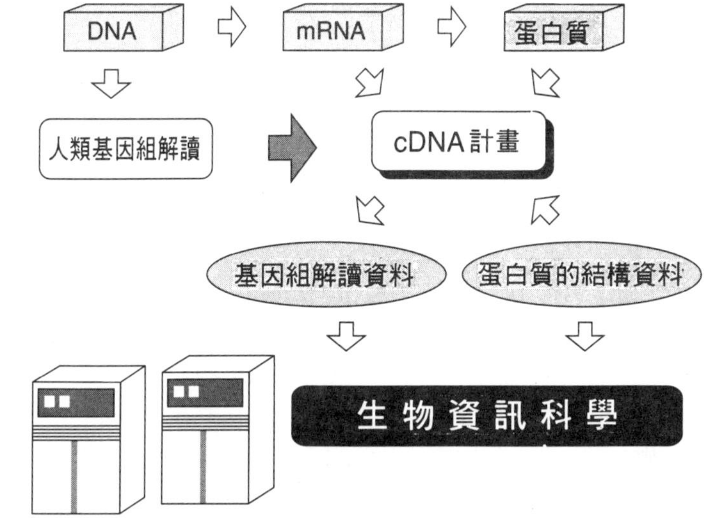

塞雷拉公司爲了解析基因組，和康帕克公司攜手合作，打算開發比超級電腦性能更高的電腦。

因此，在ｃＤＮＡ（互補ＤＮＡ）．蛋白質戰略方面絕對不能掉以輕心，爲了反敗爲勝，整個國家與所有企業都必須並肩齊步，擬定戰略才行。

POST 3 GENOME

基因組創藥

是否已經誕生了無副作用的藥物呢？

◆基因組時代以前的創藥

人類根據經驗得知，生病時服用一些植物或石頭（藥石），就能使疾病好轉，這些知識也傳承了下來。隨著科學的發達，不單是傳承，甚至積極的開始找尋藥物。

對於生病的人或是出現相同症狀的動物（疾病模型動物），投與各種化合物，尋找出有效的東西。將不會產生重大副作用而且有效的物質，當成藥物來使用。

隨著科學的發達，開始研究爲什麼這些藥物有效。罹患某種疾病時，體內哪些酵素會增加或減少等的病因的解析相當進步。一旦解析出病因，基於這些線索，就可以找出新藥（結構定位藥）。

例如，病因是於由某種酵素增加，則就要**篩選**出能夠抑制酵素作用的化合物（抑制劑）。將這個化合物投與疾病模型動物，以調查藥效或副作用，接著利用人做臨床實驗，確認安全有效之後才能當成新藥問世。在基因組時代以前，這是一般的創藥方式。然而，即使到了

★篩選　基於某項基準選擇事物。注意到某種活性，或是從各種化合物中選出能夠成為藥物的物質。

到目前為止的創藥過程

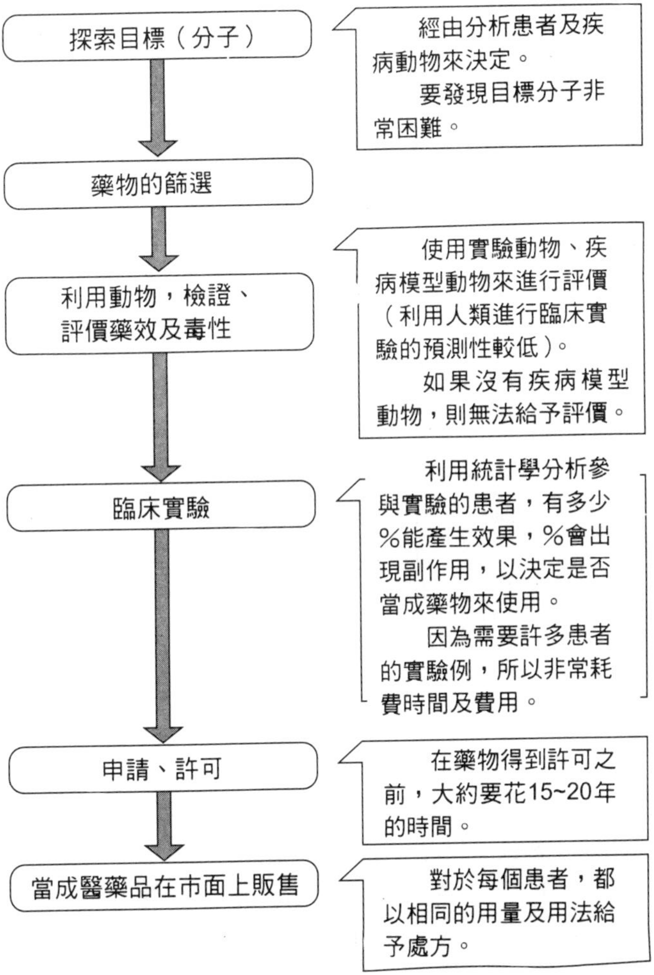
探索目標（分子）
經由分析患者及疾病動物來決定。
要發現目標分子非常困難。
藥物的篩選
利用動物，檢證、評價藥效及毒性
使用實驗動物、疾病模型動物來進行評價（利用人類進行臨床實驗的預測性較低）。
如果沒有疾病模型動物，則無法給予評價。
臨床實驗
利用統計學分析參與實驗的患者，有多少%能產生效果，%會出現副作用，以決定是否當成藥物來使用。
因為需要許多患者的實驗例，所以非常耗費時間及費用。
申請、許可
在藥物得到許可之前，大約要花15~20年的時間。
當成醫藥品在市面上販售
對於每個患者，都以相同的用量及用法給予處方。

現代，基本上製藥公司還是按照這個方法進行創藥研究。

◆基因組創藥時代終於來臨！

以往的創藥研究，效率很差。首先，是要發現新的創藥目標很困難。**結構定位藥**必須要篩選數千個化合物，然後才可以找出一個開發候補化合物，此外，在動物實驗或是臨床實驗中，也可能遇到無法充分產生藥效，或是產生出乎意料之外的副作用，或是因為產生毒性而中止開發的情況。

總之，開發一個醫藥品需要龐大的費用和時間，這是製藥公司最大的煩惱。到目前為止，人類開發出許多藥物，但若是從精準目標（藥物能夠作用的標的蛋白質）的觀點來看，精準度大約只有四百個左右。

以蛋白質為密碼的基因數為十萬個（也有人說是三～四萬個），因此四百個是非常小的數目。雖說十萬個基因並非全都和疾病有關，但是在基因組創藥時代，精準目標卻能夠一口氣增加為四千個，也就是創藥機會一口氣增加了十倍。

基因組創藥，亦即**基本證明藥**，因為是基於基因（蛋白質）與疾病的關係，毒性與基因的關係，患者本身是否具有該基因（突變）等來進行臨床實驗，因此開發創藥的精準度、速度都非常令人期待。也

★結構定位藥

基於疾病的原因，選擇開發出來的藥物。例如病因是由於某種酵素的活性太強，則就要選擇能夠抑制這種酵素的物質，當成藥物開發出來。

★基本證明藥

就是基於基因組、基因訊息，選擇開發出來的藥物。基於疾病基因的訊息與患者基因的訊息給予處方，因此可以期待出現確實的效果。

基因組創藥的特徵

從基因組訊息中發現疾病基因，然後進行以此為目標的藥物篩選

植入人類基因中，利用疾病模型動物評估藥效、毒性（與利用人類進行實驗的臨床結果差距不大）

招募不容易產生副作用的患者，評估有用性（縮短期間）

按照個人的情況，給予不同的處方（量身訂作醫療）

就是減少投與無效藥物或是會產生副作用的藥物，這對於參加臨床實驗的患者而言也是一大福音。

基於基因組創藥而產生的藥物，大概數年後就會問世，能夠開發出確實有效而且無副作用的藥物，是解讀基因組最大的恩惠。

POST 4 GENOME

基因專利競爭

能夠和擁有龐大研究開發費的歐美對抗嗎？

◆激烈的基因組戰爭

了解總基因組之後，就能夠發現以往無法找出病因線索的疾病的醫藥品開發標的，因此，理論上在短期間內就可以開發出既無副作用而又有效的藥物。各製藥公司當然會傾注全力在基因組的研究上，抱持極大的期待之心。

但另一方面，一旦由基因組訊息解析基因得到基因專利，結果，這個基因，亦即創藥目標的醫藥品開發權，也就會變成取得專利者所有，因此，各家公司都在基因組訊息解析基因機能上互相競爭，希望比別家公司更早一步得到專利權。

◆創藥所需要的基因機能的解析

要進行基因組創藥，則基因的機能解析非常重要。不過前面已經敘述過，目前並沒有萬能的解析基因機能的方法。

爲了解析基因機能，必須綜合生物資訊科學、蛋白質發現、蛋白質機能的預測與解析（蛋白質學）、基因改造動物、破壞基因動物等

專利的許可？

●許可的專利

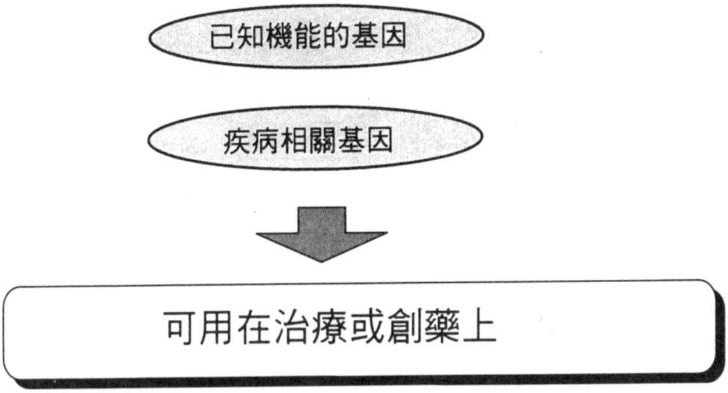

●無法申請專利

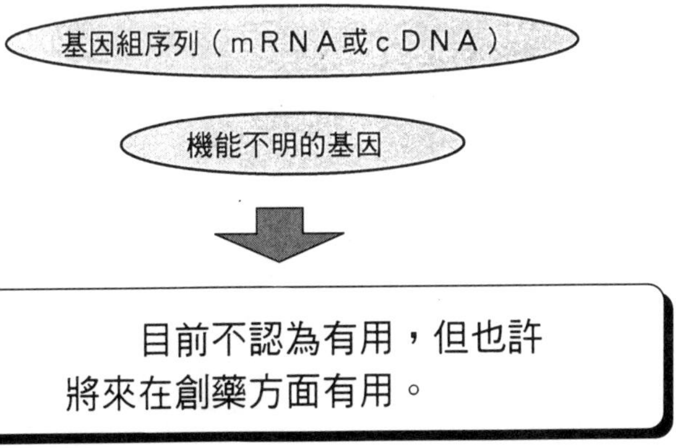

各種力量，所以，需要龐大的研究開發費用。

規模龐大的**歐美製藥企業**反覆合併，規模變得更加龐大，致力於研究投資的效率化。

另一方面，像日本最大的製藥企業武田藥品工業，在世界上的排名也只不過是第十七位而已。日本所有製藥企業的研究開發費用，總計也只有世界大製藥企業二、三家的分量而已。

沒有萬能的解析基因機能的方法，日本的製藥企業就像是在打游擊戰一樣，雖然還留有一些解析基因機能的機會，但無法全面獲勝。不過，日本擁有可以轉譯蛋白質到完整長度ｃＤＮＡ的領導能力。

★歐美製藥企業

近年來，英國、美國、瑞士等大型製藥企業，基於研究開發費的效率等理由，反覆合併，誕生龐大的製藥企業。

◆基因組戰爭變得游擊戰化？

現在日本和歐美的基因組戰爭，會令人聯想到波斯灣戰爭時伊拉克和美國的戰爭。面對具有壓倒性戰力和訊息量的美軍（聯合國部隊），伊拉克軍隊只能依賴沙漠戰的地利打游擊戰，其處境就像日本的現況一樣。

大家應該都知道這場戰爭的結果。日本企業想獲勝，也許就必須像打越戰一樣展開游擊戰。

但是，除了考量日本經濟的再生、產業的振興等經濟面之外，一

基因組戰爭的結果

戰力
情報
與其計較勝敗，還不如開發出更有效、副作用更少的藥物。朝這個方向發展，不管哪一國獲勝都無妨！

般人民可能會認爲日本企業是否能夠獲勝並不重要，不管是哪一國的企業，只要能開發出更有效、副作用更少的藥物治好疾病就好了。

日本擁有世界醫藥品四分之一的龐大市場，對歐美製藥企業而言，是極具魅力的市場，因此，即使不是針對日本企業，也會積極開發適合日本人的藥物，所以大家不用擔心。

疾病基因與染色體

基因組研究對於克服疾病有多少貢獻？

◆解析疾病基因

疾病的原因基因或相關基因，到底是在第幾條染色體的哪一個部分，從以前就開始進行這一方面的研究。到目前爲止，已經製作出將近一百七十個疾病相關基因在染色體哪個部分的輿圖。染色體有二十二條常染色體和二條性染色體，一個染色體平均會發現六、七個疾病相關基因。

日本團隊在第二十二、二十一條染色體上貢獻較大，已經結束基因組解讀。基於解讀結果的分析，發現第二十二條染色體上有五百四十五個基因，第二十一條染色體則存在著二百二十五個基因。

第二十一條染色體上，有與**唐氏症候群**、**阿茲海默症**及**白血病**的原因等相關基因。基於基因組解析，也了解到存在著與各種癌症或躁鬱病等有關的基因。

在第二十二條染色體上，知道了六個疾病相關基因，但是，根據基因組解析的結果，目前已經發現了二十五個疾病相關基因。

★唐氏症候群

第二十一條染色體有三條，是一種先天性的疾病。主要症狀包括精神薄弱、特殊的臉型、眼尾上吊、小指較短等。

第21條染色體與第22條染色體

●第21條染色體

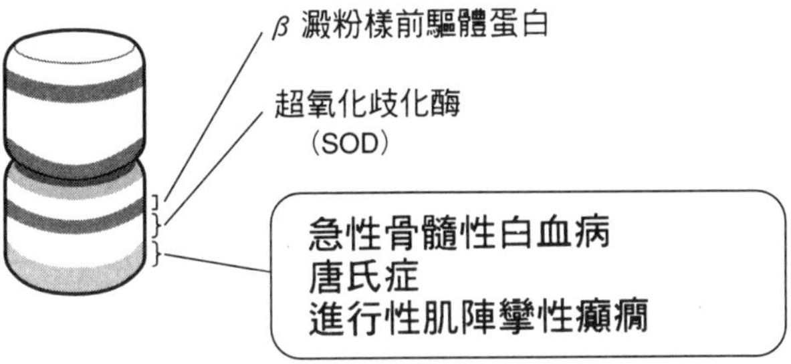

●第22條染色體

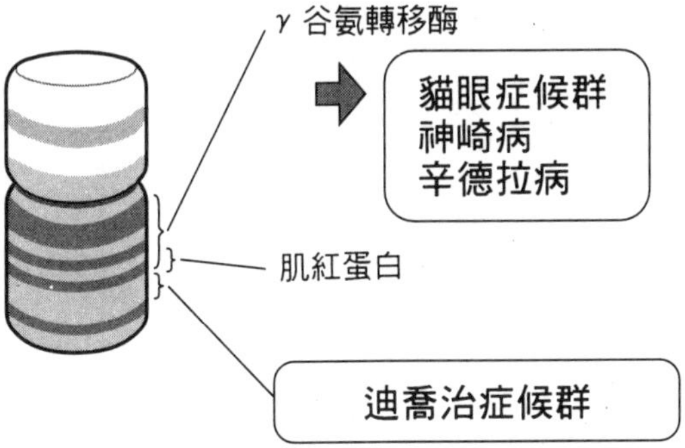

★阿茲海默症

因為老人斑形成或腦萎縮而引起的原因不明的癡呆症。四十、五十歲層時發症，包括青年性與老人性。青年性的阿茲海默症有遺傳性。

★白血病

血液中各種白血球癌化、異常增殖的疾病，也稱為血癌。有急性與慢性之分。

今後隨著基因機能解析的進步，應該會發現更多的疾病基因。要製作這些疾病基因的染色體輿圖，塞雷拉公司的方法並不好，反而是先製作染色體輿圖解讀基因組的國際互助團體的方法比較好。

人類的染色體中，最小常染色體的第二十一條、第二十二條染色體，經由基因組的解讀、解析，發現了很多疾病基因，因此在更大的染色體上，應該還有更多的疾病基因。等到完全解讀、解析染色體之後，也許就能夠製作出數千個疾病基因的染色體輿圖。

◆對於克服疾病到底有多大的貢獻？

目前已知人類的疾病種類大約有五千種。其中會阻礙生命或生活的疾病大約有一千種。藉著基因組的解讀、解析，也許將來就可以知道大部分疾病的原因基因了。但事實上，一個疾病的原因來自於一個基因的例子並不多，也不見得只是因爲基因異常才會引起疾病，大多是因爲基因的發現的控制紊亂（廢物基因、指令書的異常）而引起，很多基因的發現的平衡非常重要。

基因組研究、發現新的創藥目標、藥物的開發，的確能夠有效的克服許多疾病，在這一方面貢獻極大。不過，要創造一個完全沒有疾病的世界，則即使是在後基因組時代，也很難達成。

人類基因組的進化與疾病的克服

疾病方面具有遺傳要因與環境要因

疾病的原因
遺傳
環境

單因子遺傳病	亨廷頓舞蹈病（慢性進行性遺傳舞蹈病）、血友病…
多因子病	癌症、癡呆症、高血壓症、糖尿病…
非遺傳性疾病	外傷、中毒、感染性疾病…

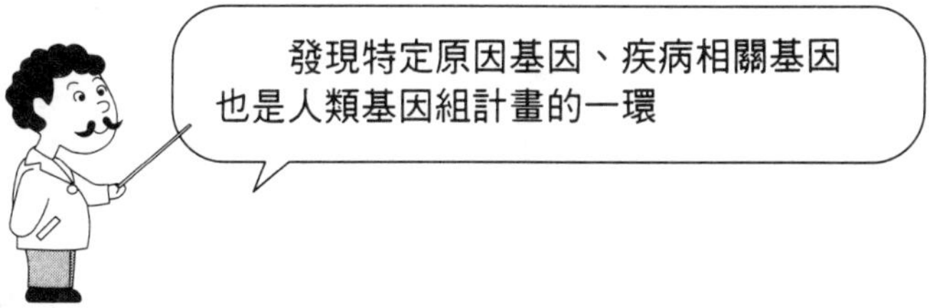
發現特定原因基因、疾病相關基因
也是人類基因組計畫的一環

POST 6 GENOME

基因機能解析能代表一切嗎？

目前還未完成總基因組機能解析

◆即使單純的將蛋白質＝零件混合也無法構成人類

由人類的基因組序列發現基因部分，得到蛋白質，了解蛋白質的機能，是否如此就能解讀人類的設計圖呢？

的確，蛋白質可視為是人類的零件。人類是由三萬至十萬個蛋白質所構成的，如果能得到總基因組當中的密碼蛋白質，的確就可以得到構成人類的全部零件。

那麼，適當混合蛋白質（零件），是否就能夠製造出人類呢？答案是否定的。不光是人類，甚至是任何低等、簡單的微生物，就算零件齊全並且加以混合，也不可能光是組合起來就能夠製造出來。

人類的基因組是以三十億鹼基配對的文字來書寫，有三萬個至十萬個基因密碼。但是我強調過好幾次，基因書寫部分的文字數總計為二億文字以下，只不過是總基因組的三～七％。而沒有把基因當成密碼的部分，或是基因序列中的內子，亦即無法轉譯為蛋白質的部分，則稱為**廢物基因**。

★**廢物基因**　是指DNA上基因部分以外的部分，不知道到底寫些什麼，因此稱為廢物基因。不過，應該也輸入了指令訊息等重要的訊息。

蛋白質＝零件混合的話……

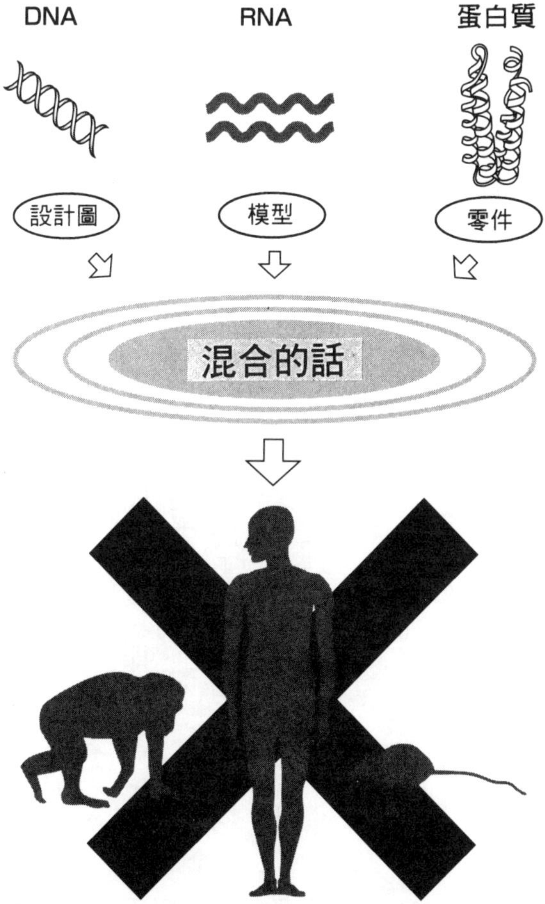
DNA
RNA
蛋白質
設計圖
模型
零件
混合的話

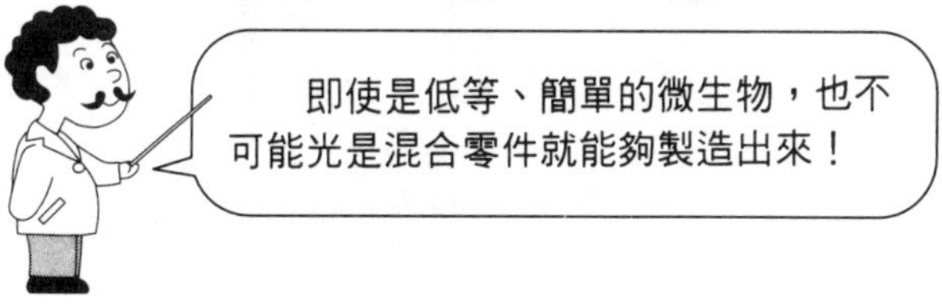
即使是低等、簡單的微生物，也不可能光是混合零件就能夠製造出來！

然而這些基因真的是廢物嗎？就算是廢物基因，其中也可能輸入了哪個零件何時何地會以何種方式製造出來、應該擺在何處以及如何配置等訊息。

例如，侏儒症這種疾病，如果對成長期的兒童投與**生長激素**（零件之一），那麼就能治療侏儒症。但是長大成人之後，即使投與生長激素，也無法產生效果。所以投與時期和場合非常重要。

解析蛋白質這個零件的機能，是非常辛苦的工作，會遇到很多困難。像這一類的說明書或作業順序書、控制指令書等，並不能完全解開謎團的端倪。

★生長激素

在生長期分泌的激素。一旦缺乏，身高等會變矮。能夠利用基因改造技術大量生產，可用來治療侏儒症。

◆總基因組機能解析進步到何種程度？

理化學研究所橫濱研究所基因組科學中心，正在進行一項偉大的計量，比較人類和老鼠以及黑猩猩基因組等，打算從被保存的序列領域，找出生物共通機能部分，不過要花相當長的時間才能完全解析。

目前，能夠預測出機能的基因，包括基因組時代以前就已經知道的，還有利用電腦可以推測出機能的基因在內，大概有一萬個左右。在未來的幾年內，這個數字可能會急速增加，但是，似乎很難實現包括指令書在內的總基因組機能解析的理想。

廢物基因真的是廢物嗎？

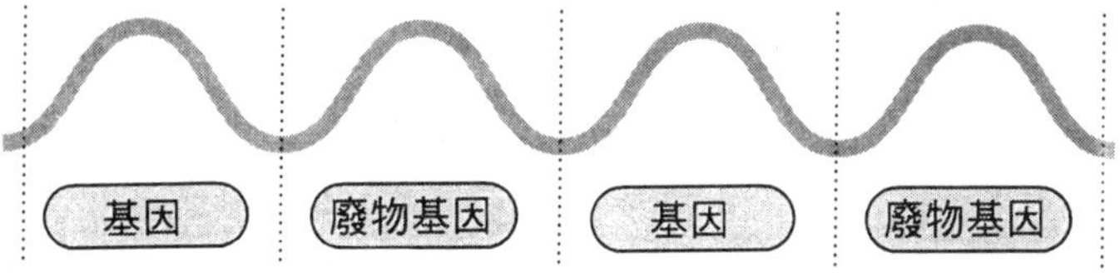
基因
廢物基因
基因
廢物基因

廢物基因上也可能輸入了哪個零件何時何地會以何種方式製造出來，該擺在何處以及如何配置等訊息！

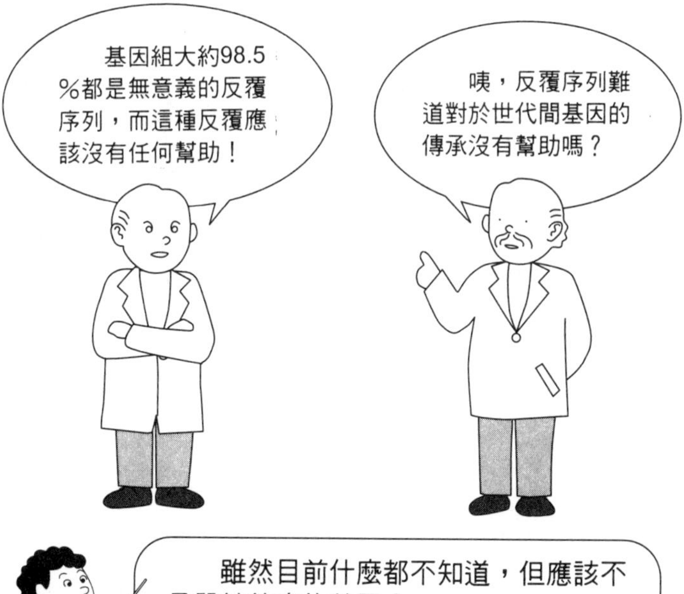
基因組大約98.5%都是無意義的反覆序列，而這種反覆應該沒有任何幫助！
咦，反覆序列難道對於世代間基因的傳承沒有幫助嗎？

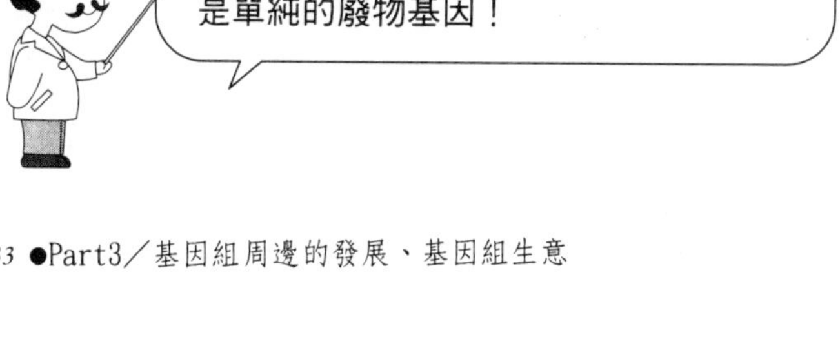
雖然目前什麼都不知道，但應該不是單純的廢物基因！

基因組資料庫的重要性

渴望得到資料庫

◆比起公開的資料而言，完成度更高的塞雷拉公司的資料庫

人類基因組序列的概要，正式的資料庫已經公開了。因爲已經公開，所以，每個人都能夠看到並存取，因此，在基因組訊息方面，根本沒有勝敗可言。

既然有公開發表的資料庫，爲什麼許多製藥企業還是願意支付塞雷拉公司鉅額的費用，以得到該公司資料庫的存取權呢？公開的資料庫只不過是基因組概要，可能會讀取錯誤或忽略了很多地方。

塞雷拉公司的資料與公開的資料庫相比，完成度高了許多。公開的資料庫只不過是三十億文字的單純羅列，並沒有給予標點符號或意義，就算存取也看不懂。

另一方面，塞雷拉公司的資料庫具有某種程度的註解，例如老鼠基因組和稍後將敘述的一鹼基多型（ＳＮＰｓ）的訊息也都在其中，因此，製藥企業認爲即使支付昂貴的契約費用，還是有存取的價値。

附帶註解的資料庫

30 億個文字的單純羅列

・・・ATCGGATAAGTCCT・・・

大家想像一下全都用注音符號書寫、沒有標點符號的報紙或是百科辭典

密碼的羅列…意義不明
⇨ 無法使用！

帶有標題及標點符號用國字寫成的文章，就可以看出文章的意義！

・・・AT|CGGATAAGTCCT|・・・
基因A

・・・・・|・・・・・・|・・・・・・・|・・
基因B

・・・・・|・・・・・・|・・・・・・・|・・
基因C

附帶註解（意義）的資料庫
具有利用價值！

◆基因組解讀是現代版的淘金熱嗎？

現在的基因組競爭與十九世紀中葉的美國淘金熱類似。夢想一攫千金的人爲了發現金礦，爭先恐後的湧到美國西海岸，而製藥企業爭先恐後的湧向基因組訊息的情況則與此類似。

淘金熱幾乎使所有的人夢想破滅，然而具有財力能夠挖到金礦的少部分人，卻能得到鉅額的財富。不過真正賺錢的，卻是賣鐵鏟和鶴嘴鎬的業者。

基因組競爭已經爲DNA自動解析裝置、電腦、試劑公司以及資料庫業者等賺取了龐大的營業額。DNA自動解析裝置是一台價值數千萬圓的昂貴機器，全日本已經購買了數百台。換言之，DNA自動解析裝置業者已經得到極大的利益。

此外，銷售金礦的地圖，亦即擁有基因組資料庫的塞雷拉公司，也因爲契約金而得到鉅額的資金。

遺憾的是，日本的基因組研究方面，相當於淘金熱的鐵鏟、鶴嘴鎬的機器和工具，幾乎都是購自歐美企業。

現在的歐美，尤其是美國，已經得到許多利潤，而日本也支付了龐大費用。

現代版的淘金熱？

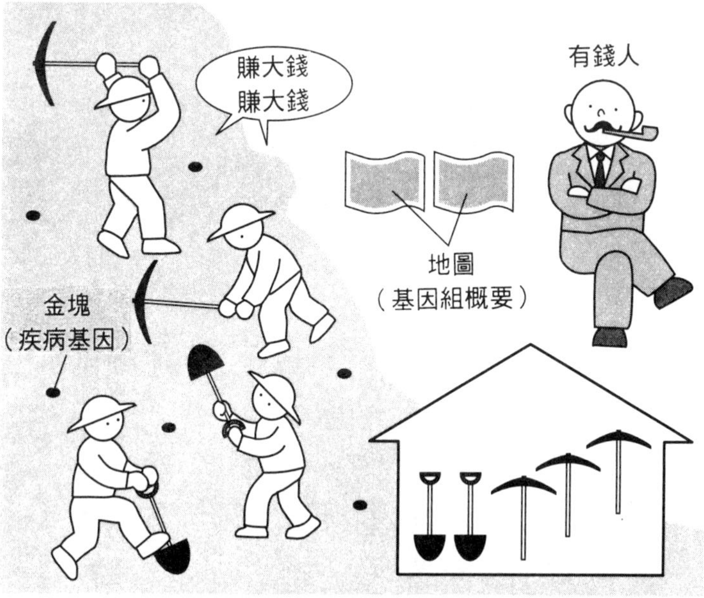

關於基因組創藥的淘金事業，缺乏財力和資訊量的日本製藥企業，面對擁有豐富資訊量和財力、藉著人海戰術想要一網打盡而得到基因專利的歐美巨大製藥企業的挑戰，恐怕無法獲勝。

POST 8 GENOME

一鹼基多型(SNPs)到底是什麼?

只是一個鹼基的差距卻使得藥效改變!

◆使用藥物能產生效果的人,無法產生效果的人

人類與黑猩猩的基因組差距只有二%。而比較人類的基因組,則不論是誰,大致都相同。

不過,還是存在著人種差、個人差。關於人種差,是因爲決定膚色的基因有些不同所致。

而關於個人差,尤其是容易罹患某種疾病的人、使用藥物能產生效果或無法產生效果的人、容易產生藥物副作用的人或不容易產生副作用的人等,以往認爲多半是受到一鹼基多型(SNPs)的影響。不過現在已經知道不是SNPs,而是受到乙醇脫氫酶的型(同功酶)的影響。當然,藥物是否有效或是產生副作用的方式具有個人差,只要想想有些人很會喝酒而有的人卻不勝酒力即可了解。

有的人只喝一小杯就滿臉通紅,甚至喝醉了,而有的人即使喝一升也面不改色。藥物也會出現同樣的情況。目前一般的藥物處方,大多會規定成人要服用幾顆。不過,就像很會喝酒的人或不勝酒力的人

SNPs（一鹼基多型）的分析

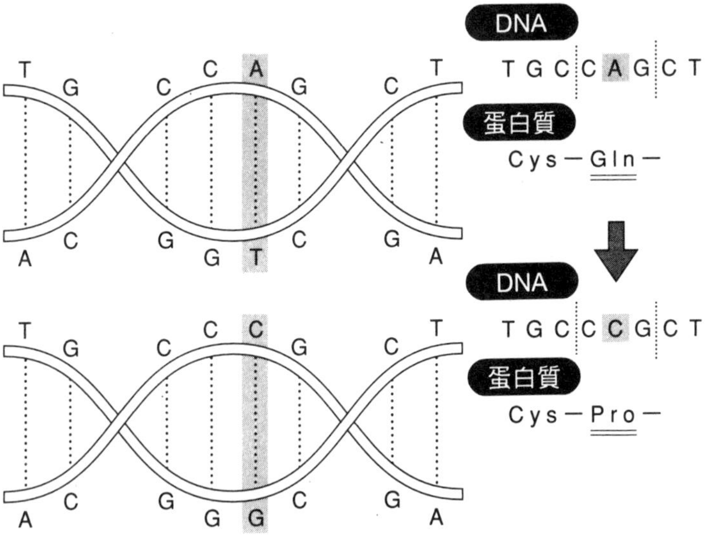

SNPs是指個人之間只有
1個鹼基的差異！

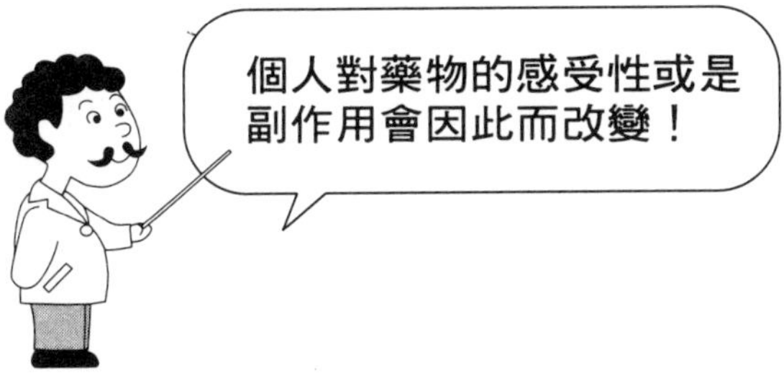

一樣，規定一律喝多少酒的作法並不正確。

◆突變的存在

比較人類基因組中三十億文字的鹼基序列，平均一千文字中會有一文字突變。亦即人類擁有三百萬個SNPs。

前面說過，三文字所組成的一個氨基酸成爲密碼，若是三文字中有一個由其他文字所取代，則成爲密碼的氨基酸也會變成另外一種氨基酸。

氨基酸改變時，蛋白質的構造也會產生一些變化，機能也會產生一些變化。亦即會出現容易或不容易和藥物結合的變化。

也就是說，藥物是否有效或是否會出現副作用等情況都會產生變化。SNPs也是由父母遺傳給子女，因此，家族、人種方面也會出現這種個人差。

◆發現SNPs的方法

繼總基因組解讀之後，美國的NIH嘗試想要一口氣發現三百萬個SNPs，這是由美國財團所組成的國際財團。另外，日本的千年計畫、日本的製藥企業團體、製藥協會也在進行這一方面的世界性計畫。據說塞雷拉公司已經發現了二百六十萬個SNPs。

SNPs訊息有助於醫療

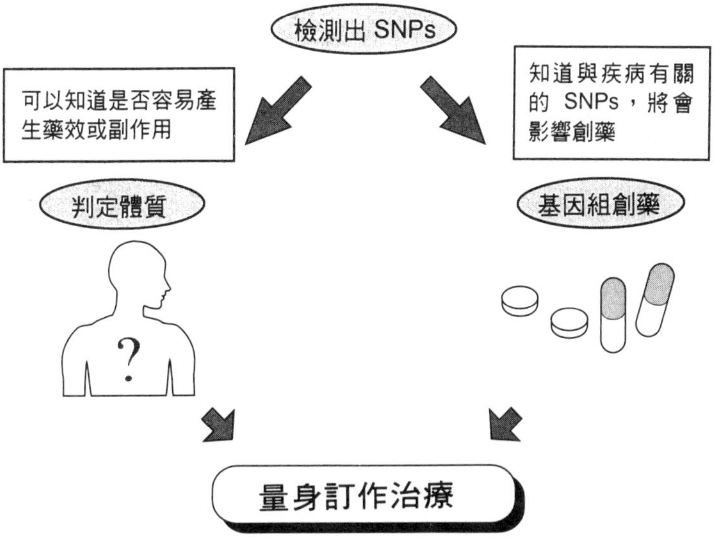

不過，即使發現序列上的SNPs也沒用。因為它和到底容易罹患何種疾病，以及與藥物的效果、副作用具有何種關係等臨床資料（藥理學），必須建立相連的環扣。

等到擁有完善的SNPs訊息之後，才能夠實現量身訂作醫療的理想。

基因診斷是量身訂作醫療的樞紐。關於這一點，稍後會為各位詳述。

POST 9 GENOME

何謂微反覆序列

除了SNPs以外，會產生個人差的要因

◆與歐美人相比，為什麼日本人比較溫馴？

SNPs是指因為突變而使得基因部分有一個鹼基被替換，形成不同的氨基酸，導致所形成的蛋白質構造產生些許的改變，其結果會出現是否容易罹患疾病、藥物是否有效以及是否容易產生副作用等個人差。不過除了SNPs以外，另外一個基因組上的差距也是形成個人差的要因，那就是微反覆序列。

基因組上有胞嘧啶（C）和腺嘌呤（A）反覆幾次序列的部分。這個CA反覆序列就稱為**微反覆序列**。CA反覆序列到底有何意義，目前不得而知，不過依個人的不同，反覆的次數有可能是七次或十二次，出現這種差距。

最近發現這個次數的差距，與性格等的個人差有關。例如，與歐美人相比，日本人比較溫馴，不容易生氣，就是因為日本人有較多微反覆序列的緣故。

也許將來可以利用基因診斷，來進行性格判斷吧！

★微反覆序列

存在於DNA上各處……CACACA……等反覆出現的序列。反覆的次數具有個人差，與性格等有關。

造成性格差的微反覆序列

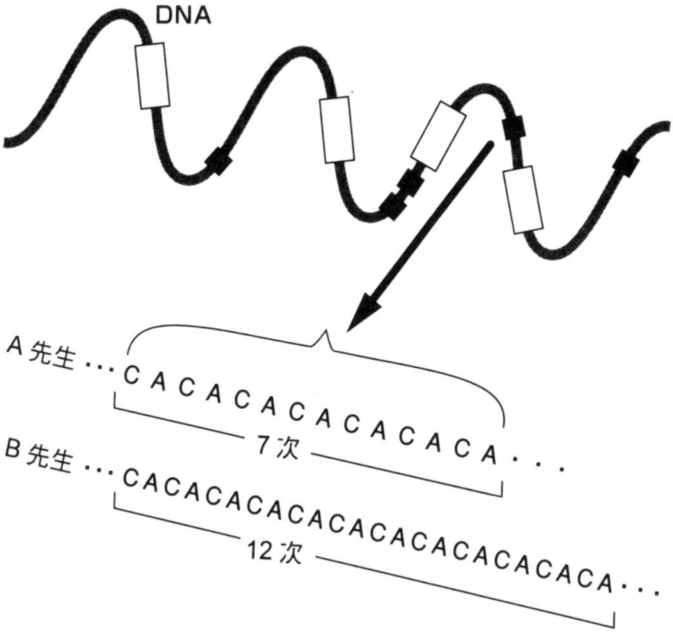

生物科技改變我們的生活

了解導入外來基因技術、破壞基因技術等先進生物技術

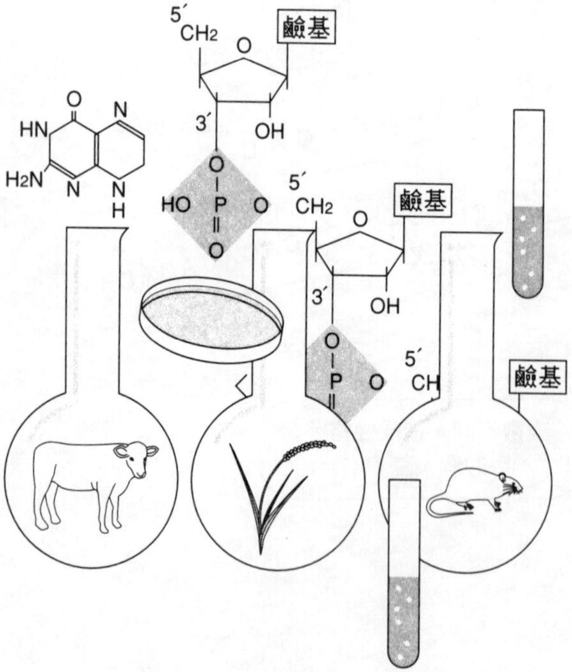

Part 4

其他主要的生物技術？

POST 1 GENOME

何謂導入外來基因動物？

在動物的受精卵中植入人類基因的技術

◆利用基因改造技術製造動物

在動物的受精卵中植入基因或發現植入基因，就可以製造出形質變化的導入外來基因動物（基因改造動物）。

這個導入外來基因技術，就是將不了解基因機能的基因植入老鼠等實驗動物的體內，觀察會出現何種形質，用來研究植入的基因機能。

此外，將人類的疾病相關基因，或與人類疾病相關基因相同性較高的老鼠的基因植入老鼠體內，製作出人類的疾病模型動物，用來評價藥物的開發以及疾病的解析。

此外，將有用蛋白質的基因植入羊等動物的**乳腺細胞**中，分泌到羊乳中，然後精製羊乳，就可以大量製造出目的的蛋白質，目前正在嘗試實用化的階段。

乳腺細胞的蛋白質合成力非常高，合成的蛋白質可以成為乳汁分泌到體外，因此，最適合大量生產蛋白質。

★乳腺細胞 存在於哺乳類雌性動物的乳房中，會生產、分泌乳汁。蛋白質生產力非常高，可以植入基因，應用於生產蛋白質方面。

主要的導入外來基因技術

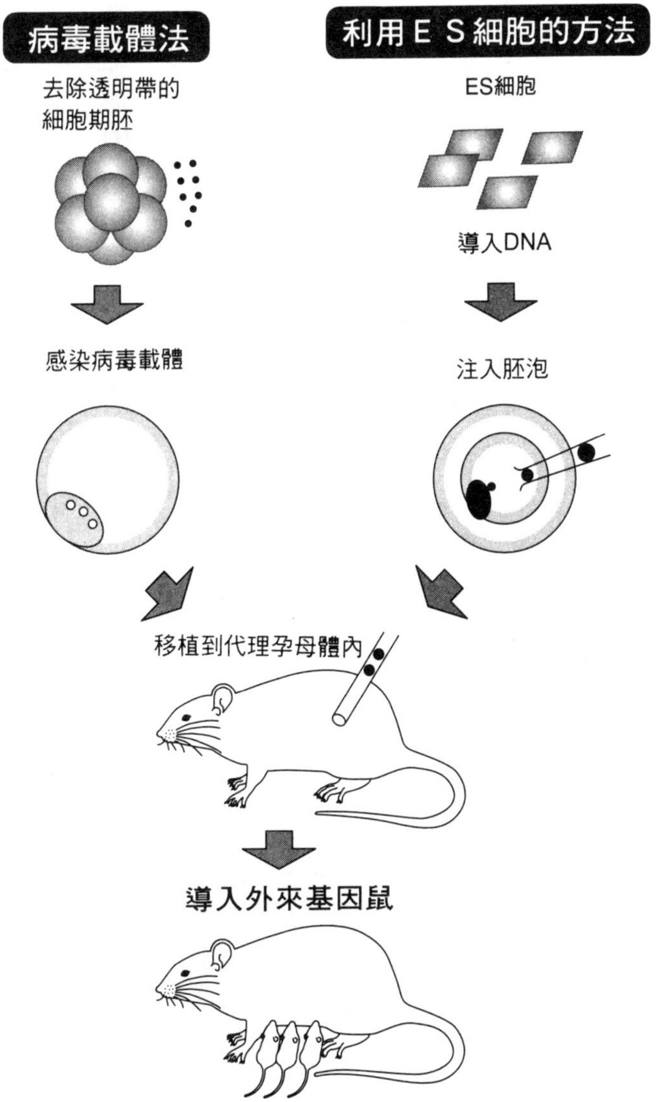

POST 2 GENOME

何謂破壞基因動物？

對於疾病的解析以及治療法的研究而言是不可或缺的實驗動物

◆對於基因機能的解析而言，有用的破壞基因技術

將不會產生突變的基因植入**胚性幹細胞（ES細胞）**中，突變基因趕走原先的基因，進入染色體內。這個現象稱爲相同替換。藉著相同替換法等，只破壞某種基因，製造出讓這個基因無法發揮機能的動物，這種動物就稱爲破壞基因動物。

將老鼠或大鼠等實驗動物體內不明機能的基因破壞，然後觀察會出現何種疾病或何種形質，就可以知道被破壞掉的基因在體內具有何種作用。

破壞已知機能的基因，就可以製造出因爲欠缺這個基因，而產生某種疾病的模型動物，藉此可用來研究治療法以及解析疾病。例如，生長激素基因遭到破壞的大鼠，生長受到抑制，就會生下體型比較小的老鼠。

對於基因的機能解析而言，破壞基因動物相當有用，不過在製作上非常費事、費時。

★胚性幹細胞（ES細胞）

受精卵胚泡期內部細胞塊的細胞，按照條件增殖，具有分化為任何細胞的可能性（萬能性），因此可用於複製動物或再生醫療方面。

製作破壞基因鼠

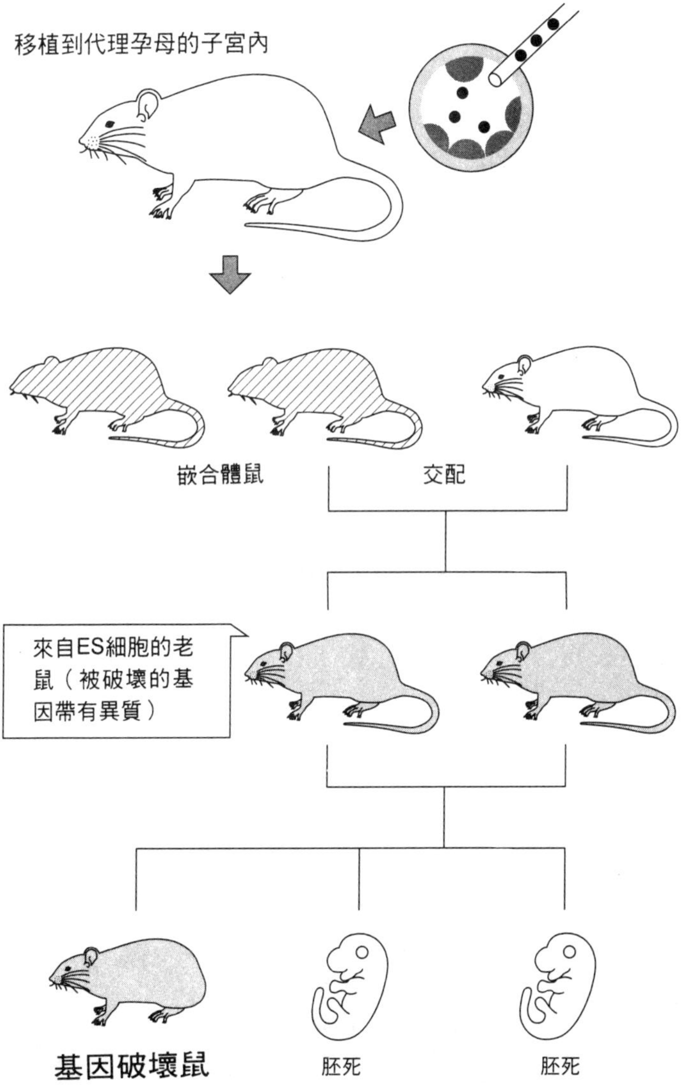
移植到代理孕母的子宮內
嵌合體鼠
交配
來自ES細胞的老鼠（被破壞的基因帶有異質）
基因破壞鼠
胚死
胚死

POST GENOME 3

何謂複製動物？

即使是複製動物，也會因為環境或學習而改變

◆複製動物是如何製造出來的？

製作複製動物的方法，包括使用生殖細胞以及體細胞這兩種方法。前者是從卵分割中的受精卵中取出分割細胞，然後與去除核的成熟卵進行細胞融合，在**體外培養**直到形成**胚泡卵**爲止，然後移植到雌性動物的子宮內。這個方法可以製造出與卵的分割數相同數目的複製動物。換言之，就是以人工方式製造同卵多胞胎。複製動物的基因組來源是受精卵，因此，能夠遺傳受精卵雙親的形質。

後者則是從動物的體細胞取出核，移植到未受精卵中進行體外培養，直到成爲胚泡卵之後，再移植到雌性動物的子宮內。

利用這個方法，能夠製造出與提供體細胞動物的體細胞數目完全相同的複製動物。亦即能夠製造出與提供體細胞的父母擁有相同基因組的子女。複製羊桃莉的誕生震撼全世界，因爲牠是世界上最早利用體細胞複製的動物。如果這個技術可行，就可以增加具有優秀形質的牛羊等家畜，要增加多少都可以。

★胚泡卵

受精卵反覆分裂增殖，變成好像葡萄串一般的桑實胚之後，分化為由營養外胚葉細胞與內部細胞塊所構成的胚泡。內部細胞塊的細胞分化為身體的各種細胞。

★體外培養

將動物的細胞取出到體外，在試管內的培養液中生長、增殖。

製作複製動物

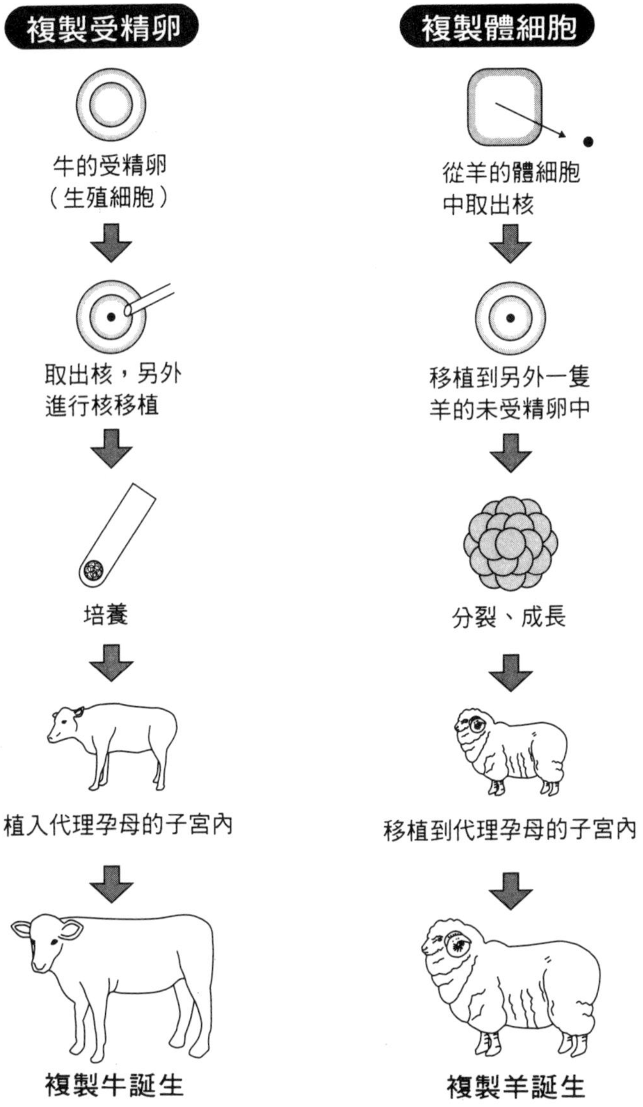
複製受精卵
牛的受精卵
（生殖細胞）
取出核，另外
進行核移植
培養
植入代理孕母的子宮內
複製牛誕生
複製體細胞
從羊的體細胞
中取出核
移植到另外一隻
羊的未受精卵中
分裂、成長
移植到代理孕母的子宮內
複製羊誕生

◆可以利用複製技術製造出相同的人類嗎？

另一方面，如果這個技術應用在人類身上，也許就可以製造出複製人，這是個值得商榷的問題。以生物學的觀點來看，確實可以製造出與自己完全相同的人，但人或動物因成長的環境或教育的不同，即使外觀上完全相同，也會成長爲完全不同的個體。因此，就算利用複製技術製造出外觀一模一樣的人，還是無法成爲完全相同的人。

◆生物會因為環境或學習而改變！

在桃莉羊誕生的第二年，筆者有機會造訪蘇格蘭的洛斯林研究所，也看過桃莉羊。如果不同，則複製動物的價值就蕩然無存。不過，雖說是複製羊，也只是外觀和普通羊一模一樣而已。如果不是帶我參觀的研究者對我說明，我根本就不知道哪一隻才是桃莉。

打算拍照留念時，飼養室二、三隻羊中的其中一隻突然走向前來抬頭大叫，其他的羊則後退。走向前來的就是桃莉。可能是出生後的一年內每天都有許多人前來採訪、拍照，工作人員經常把桃莉帶到眾人面前，而把其他的羊趕到後面，學會這一點後，有客人來拍照時，桃莉就會走向前來。從這一點可以證明，即使在生物學上（基因方面）完全相同，卻會因爲環境或學習而使得生物產生極大的改變。

即使是複製人，但是完全判若兩人

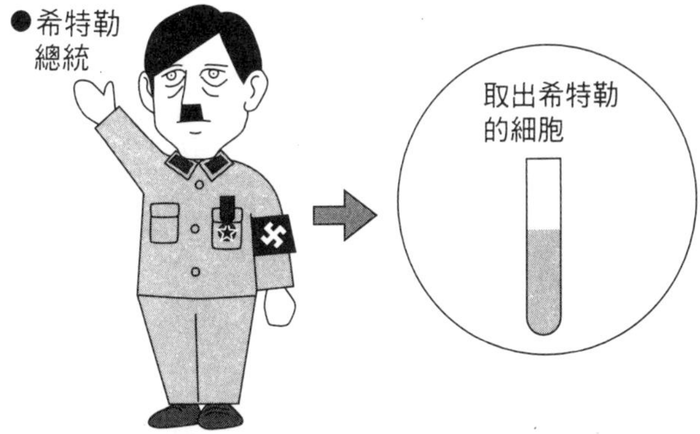

複製人希特勒誕生！

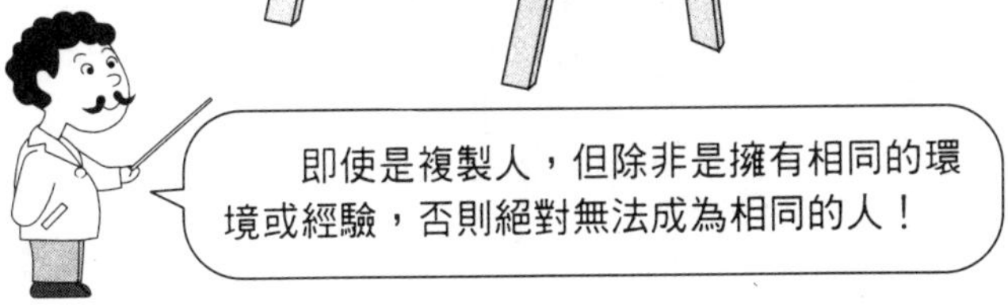

POST 4 GENOME

何謂基因改造作物

植入能夠抵擋害蟲、疾病的基因的作物

◆基因改造食品是如何製造出來的？

提到製作基因改造作物的技術，大家想到的就是大豆、玉米或是番茄等作物，植入了抗寒、抗病蟲害的基因，以及耐保存的相關基因，製造出抗寒、抗病蟲害的作物或耐保存的番茄的技術。由基因改造作物製造出來的食品，就稱爲基因改造食品（GM食品）。

最近，出現因爲基因改造食品而引起**過敏**的問題。關於這一點，稍後再爲各位詳細探討。

◆因所利用的動物和植物的不同，基因改造技術也各有不同

因所利用的動物和植物的不同，基因改造技術也有很大的不同。

製造基因改造動物時，植入基因的受精卵或ＥＳ細胞要回到母體內，經過懷孕的過程。但如果是植物，則植入基因的**生長點細胞**在適當的條件下，就能夠分化生長爲完整的植物體。

換言之，如果是植物的話，只要能夠製作出植入基因的細胞，就能夠得到許多植物個體，可以立刻應用在實際的農業上。

★過敏 原本是指排除異物的生物體防禦反應免疫反應，但卻對生物體造成不利的影響，形成疾病狀態。包括過敏反應、異常過敏症。

★生長點細胞 存在於植物的莖或根的前端附近，會旺盛分裂的細胞。

基因改造作物的作法

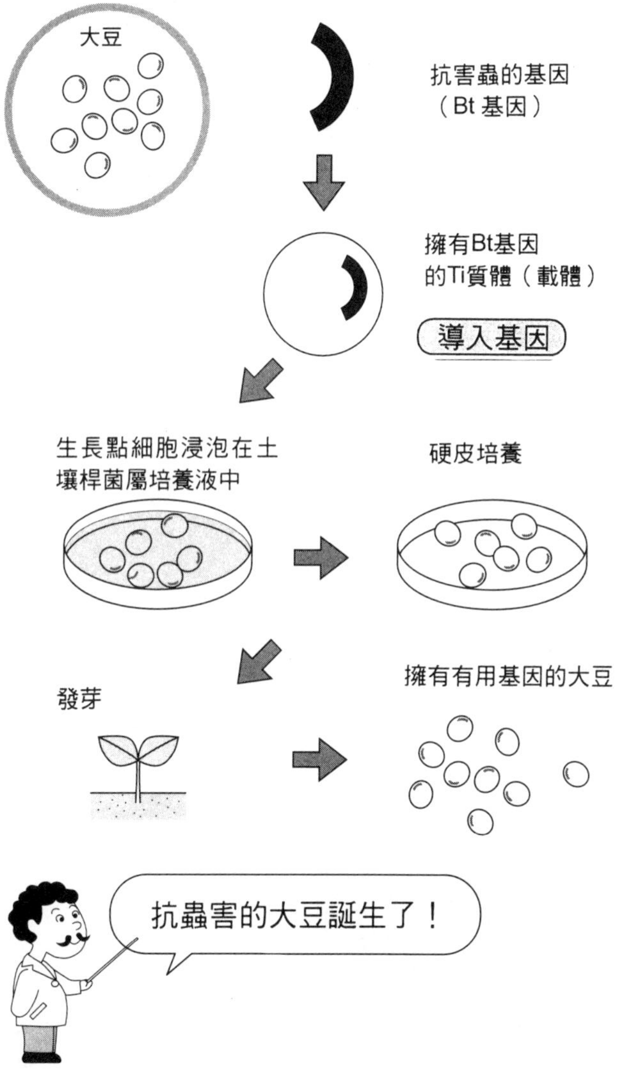
大豆
抗害蟲的基因
（Bt 基因）
擁有Bt基因
的Ti質體（載體）
導入基因
生長點細胞浸泡在土
壤桿菌屬培養液中
硬皮培養
發芽
擁有有用基因的大豆
抗蟲害的大豆誕生了！

5 POST GENOME

發現蛋白質的技術

蛋白質是生物的「零件」！

◆製造蛋白質的技術

特定出基因，得到完整長度cDNA，植入大腸菌的微生物或動物細胞株中，就可以製造出導入外來基因的動物或植物，成爲蛋白質被發現。

最近，已經使用小麥胚芽或大腸菌的蛋白質合成系，利用in vitro（試管內）的方式製造出蛋白質。

蛋白質是生物的零件，所以，可藉著成爲酵素活性或受體的**活性**來調查機能。

此外，藉著詳細調查蛋白質的結構，就可以推測其機能。理化學研究所，正在進行製作蛋白質結構與機能的百科事典的計畫。

製造出來的蛋白質，可以當成解析機能或製作抗體用的**抗原**來使用，也可以直接當成蛋白質醫藥來使用。

設計圖是基因，而能夠製造出機能零件蛋白質，可說是基因解析上最重要的技術。

★活性 物質所具有的各種作用或功能。

★抗原 藉著免疫反應，在血液中製造出抗體的原因物質。包括病毒、細菌、蛋白質等都能成為抗原。

in vitro（試管內）蛋白質合成

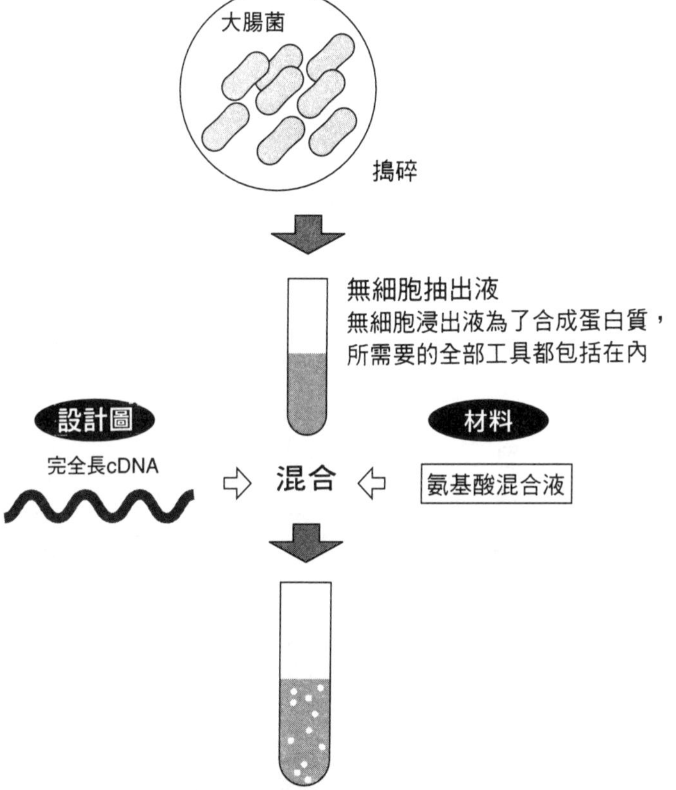
大腸菌
搗碎
無細胞抽出液
無細胞浸出液為了合成蛋白質，
所需要的全部工具都包括在內
設計圖
完全長cDNA
混合
材料
氨基酸混合液

出現了由cDNA轉譯而來的蛋白質！

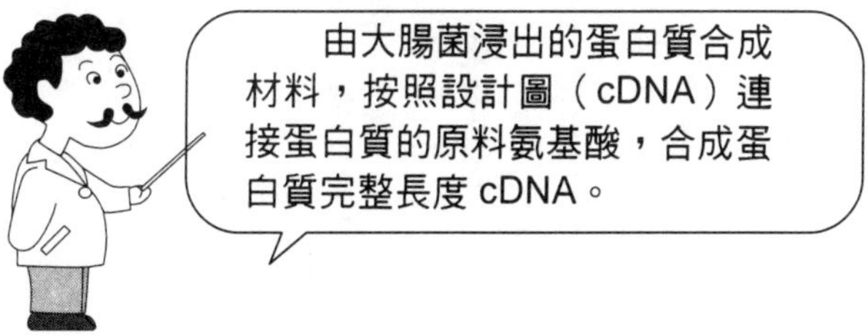
由大腸菌浸出的蛋白質合成材料，按照設計圖（cDNA）連接蛋白質的原料氨基酸，合成蛋白質完整長度 cDNA。

POST GENOME 6

製作單株抗體

一種使用於研究及治療上的均衡抗體

◆抗體有助於研究或治療

感染病原菌時，體內會製造出抗體分子，與入侵者病原菌（抗原）作戰，並加以排除，這一點大家都知道。這可說是我們保護自己、抵抗外敵的一種免疫反應。抗體是非常大的蛋白質分子。

德國的**凱勒博士**和英國的**米休塔因博士**，一九七五年將因爲抗原而免疫的動物的抗體生產細胞（B細胞……血漿細胞）和無法產生抗體的腫瘤化血漿細胞株（具有增殖性）進行細胞融合，發明出製造**融合瘤**的方法。這個融合瘤在培養液中不斷的增殖，大量製造出對於免疫的抗原具有特異性的單一抗體。

所得到的抗體，是一種均衡的抗體（**單株抗體**），必要時，隨時都可以在培養工廠製造出必要的量，因此，被廣泛應用於研究、診斷及治療方面。

單株抗體具有認識蛋白質分子的氨基酸序列（稱爲抗原決定部位）並與其結合的特異性，所以，成爲解析基因機能的一大武器。

★凱勒
德國的免疫學者，因為發現融合瘤法，在一九八四年和米休塔因共同得到諾貝爾醫學獎。

★米休塔因
英國的免疫學者，因為發現融合瘤法，在一九八四年和凱勒共同得到諾貝爾醫學獎。

★融合瘤
B細胞與癌化的B細胞進行細胞融合後的細胞，會產生單株抗體。

製作單株抗體

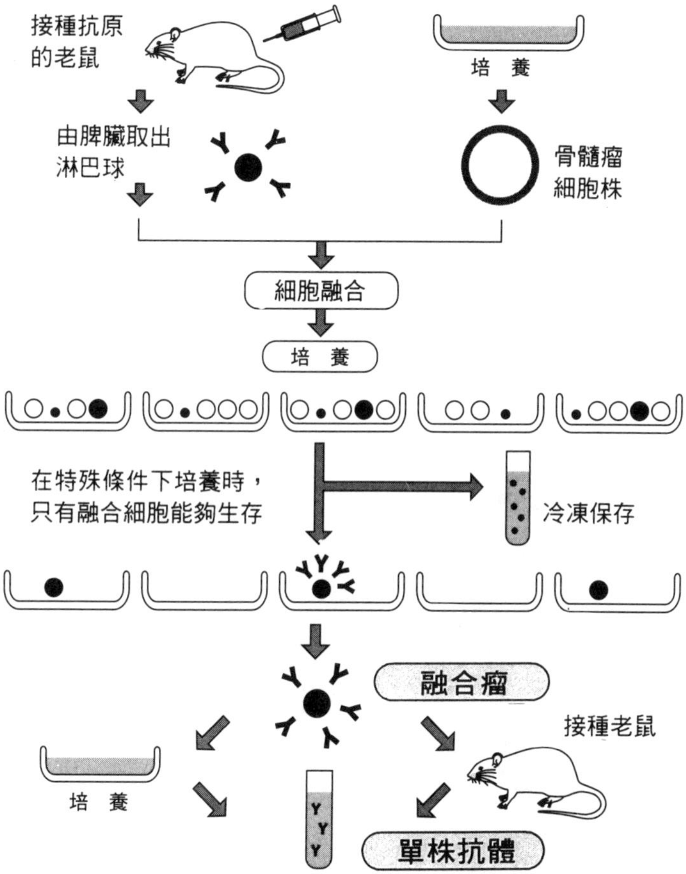

★**單株抗體**

藉著融合瘤法所產生的均衡抗體，可以應用在研究、診斷及治療等方面。

帶領你到基因組的世界去

想像基因治療、基因組創藥等後基因組時代的醫療，重新認識神秘的生命！

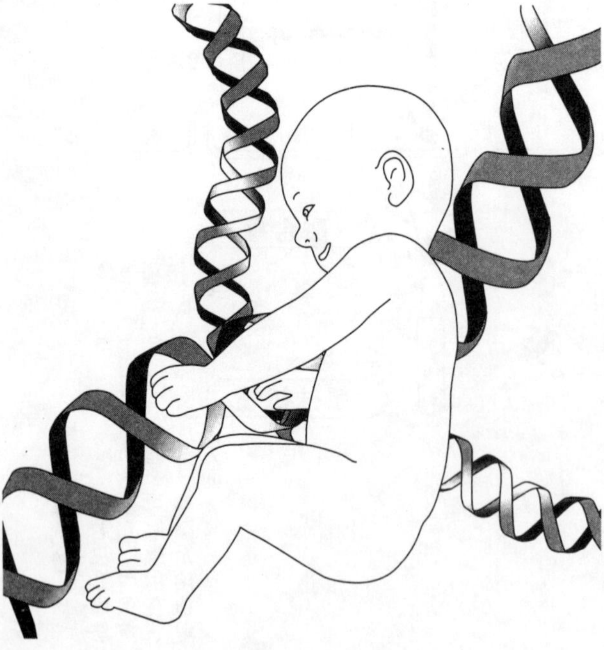

Part 5

後基因組時代的展望

POST 1 GENOME

技術革新與生活方式的變化

二十一世紀的生活會以一、二年為單位而改變！

◆技術對於人類的生活方式造成極大的影響！

回顧人類的歷史，當技術進步時，或多或少都會對人類的生活方式造成影響。細節有很多，不過，對人類史上成最大影響的是**農耕畜牧技術**以及**產業革命**。

人類自誕生以來，經過長久的歲月，撿拾樹木的果實、撈魚貝類或是藉著狩獵捕獲動物，以此爲糧食而生活。一旦食物吃完，再去尋找果實或獵物，採用移動的生活方式，無法定居下來。

後來耕田、採收作物，從事農業，飼養動物，採集動物的乳汁和蛋，有時殺了動物來食用（畜產）。栽培植物、飼養動物的技術，廣泛存在於人類之間，因此可以定居生活了。

能夠定居生活之後，開始蓄積財富，產生了貧富階級，出現了與生產食物沒有直接關係的支配階級、權利者。而農產、畜產等生物技術，使得人類的生活方式、社會結構產生了根本上的變化。

但是，卻花了幾千年、幾萬年的長久歲月才出現這個變化。

★農耕畜產技術

耕田、栽培作物、收穫作物，飼養家畜得到乳或肉，藉此得到食物的技術。

★產業革命

十八世紀中葉，由於蒸氣機的發明，英國在產業上出現迅速、根本的變化。

農耕、畜牧生活

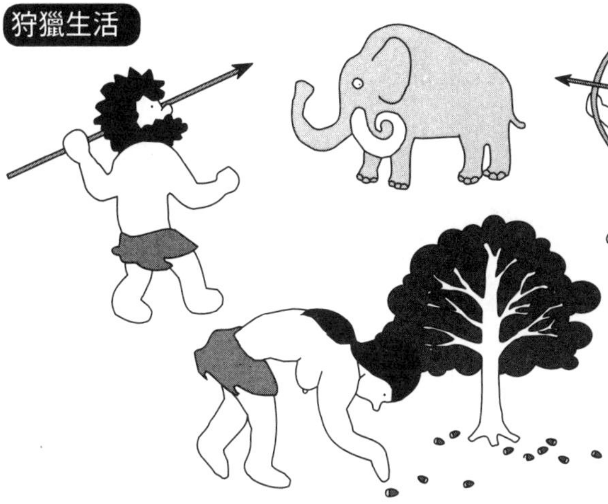
狩獵生活

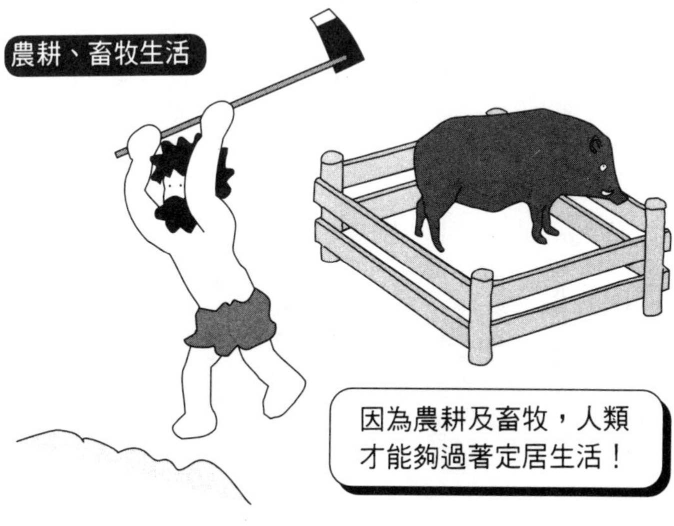
農耕、畜牧生活
因為農耕及畜牧，人類
才能夠過著定居生活！

◆因為產業革命而造成極大的改變！

另外，雖然不是生物科技，但是技術革新，對於人類生活及社會結構造成極大變化的例子，即十八世紀中葉英國所開啓的產業革命。

由於蒸氣機的發明，機械化的波濤，完全改變以往的家庭工業，創造出近代的工業社會。因爲產業社會，資本主義抬頭，藉著巨大的資本，帶來了大型工業以及消費社會，直到現在。也就是說，產業革命以一百年爲單位，使得人類的生活、社會結構產生極大變化。

◆進展神速的生物技術革命

現代因爲電腦發達，而開始了**IT革命**，由於基因組解析等生物技術革命，使得人類的生活方式、社會結構產生極大的變化，這是我們預想中的事。這一次的特徵，就是二個技術革新同時且相輔相成的進行，因而更加快進展普及的速度。

IT革命會以一、二年爲單位，使我們的生活產生極大的變化，原本以十年爲單位都不可能達到的夢想，會陸續實現。隨著生物技術的進步，基因改造作物、複製動物、基因組創藥、量身訂作醫療、基因治療、**再生醫療**、環境修復、**生物能源**等，以往想都沒有想過的夢想將會實現。不過，這個技術革新的速度卻存在著各種問題。

★IT革命 利用電腦使得網路等發達，因而伴隨產生的資訊革命。

★再生醫療 利用生物所具有的再生能力的先進醫療。

★生物能源 利用生物或生物體分子的機能而得到甲醇、乙醇、氫等能源。

從產業革命到ＩＴ革命

家內工業

產業革命

大量生產

產業革命使得人類的生活、
社會結構產生極大的變化

ＩＴ革命

以１、２年為單位改變生活方式

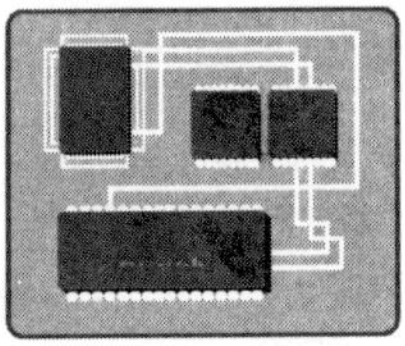

生物技術革命

複製動物、
基因組創藥、
再生醫療等

基因組解析後的醫療情況！

夢想的基因組醫療

◆現代醫院所進行的事項

身體狀況不好而到醫院看病，首先要在初診病歷上填上自覺症狀或過去的病歷、家族病歷等，然後經由醫師問診，進行檢查，必要時則要驗尿、抽血檢查、照X光等，醫師診斷後開出藥物處方箋。

血液檢查是利用生化檢查，調查肝功能、膽固醇值、血糖值、是否發炎、是否有貧血、白血球數等，以及經由免疫檢查，調查有無**感染症**。

幾天後就會出現血液檢查等的結果，醫師綜合各種資料，基於知識和經驗提出病名，給予藥物處方。

藥物處方，則是按照醫藥品說明書的記載，幾乎沒有考慮到個人差的問題。服藥幾天至一週之後，如果無效或出現副作用時，就要換藥。這時，如果血液檢查等的結果出爐，就會基於結果給予處方。

雖說機率比較低，不過患者還是有可能持續好幾天服用無效的藥物，或是因爲副作用而痛苦。

★**感染症** 由病原性的病毒或細菌等所引起的疾病。

現代的醫療

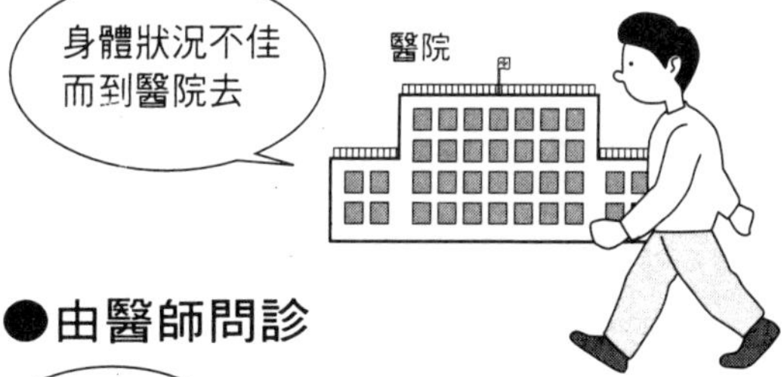

●由醫師問診

●做X光檢查

●藥物的處方

◆二〇五〇年的醫院會進行何種診療？

那麼，基因組解析後的診療情況會有何改變呢？請看看二〇五〇年時的醫院情況。

在醫院的玄關，患者進入一個好像公用電話亭般的個人房，利用自動受診機械，插入自己的ＩＤ卡。電腦立刻藉著**網膜辨識法**確認患者本人。

全國國民所具有的這種ＩＤ卡，將可以記錄個人的生化資料、基因情報或病歷等有關醫學的個人資料。此外，甚至連健康保險卡或是汽車駕照、護照、銀行金融卡等，都包含在這張卡內。

遵從自動櫃員機的聲音以及畫面指示，利用接觸面板輸入面板上所標示的自覺症狀以及接受檢查的理由。所以，自動櫃員機就好像是預診機器人一樣。

椅子則成為體重計，左手插入指定的洞裡面，就可以自動的測量體溫、血壓、脈搏等。

在輸入中，當日的體重、體溫、血壓、脈搏等就會自動的記錄在ＩＤ卡上。

正面的攝影機可以讀取臉色、表情等。只要花一、二分鐘，患者

★網膜辨識法

網膜血管的走向因人而異，各有不同，可以利用這一點進行個人辨識法。

觀察2050年的醫院情況……①

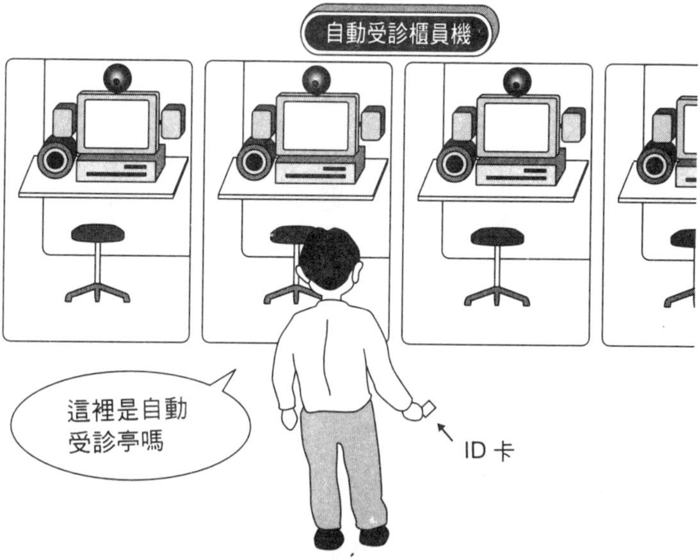

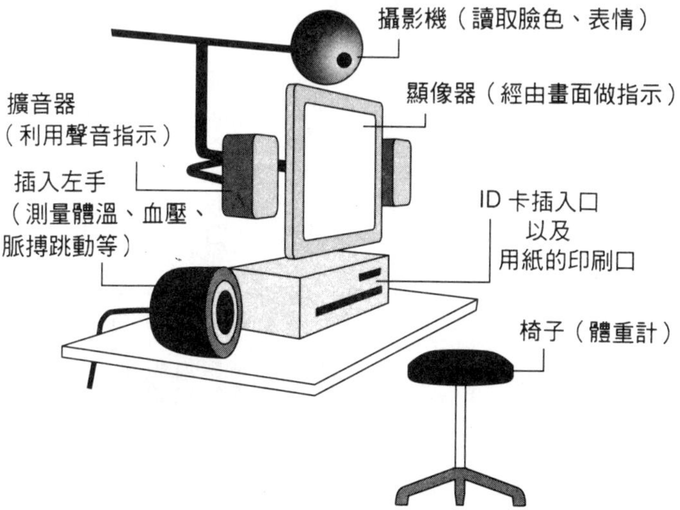

就可以離開自動櫃員機，拿著印有診療箱編號的紙和ＩＤ卡到所指示的診療箱去。

在比自動櫃員機稍寬一些的診療箱中，有診療用的機器人。雖說是機器人，但並不是人的樣子。基於自動櫃員機預備診斷出的病名，由診療機器進行確定診斷的必要檢查。

每個診療箱各具不同的功能，包括聽診、照Ｘ光、抽血、採取**口腔黏膜**、採尿等，配合各種不同的檢查配置不同的機器人。

從抽取的血液或是口腔黏膜的細胞中可以取出ＤＮＡ，藉著ＤＮＡ片等，可以立刻鑑定出基因有無異常增加或減少。

藉此特定出病名。若是感染症，則檢測病原菌ＤＮＡ，確定病名。

此外，經由調查已經記錄在ＩＤ卡上的一鹼基多型（ＳＮＰｓ）後，就可以選擇對這位患者有效、無副作用的藥物以及投與量。

到目前爲止，都是藉著診療機器人之手自動進行診療。

機器人所提出的病名、治療法等送到中央中心，然後由在那兒的醫師或是醫師團隊進行最後的檢查。

如果醫師發出ＯＫ的訊息，則基於這項訊息，由調劑機器人來調和藥物並且包裝，接受藥劑師最後的檢查之後，將藥物交給患者。

★口腔黏膜
口中臉頰部位的黏膜細胞，用棉花棒輕輕摩擦就能夠輕易取得，用來判定性別或鑑定基因等。

觀察2050年的醫院情況……②

診　療

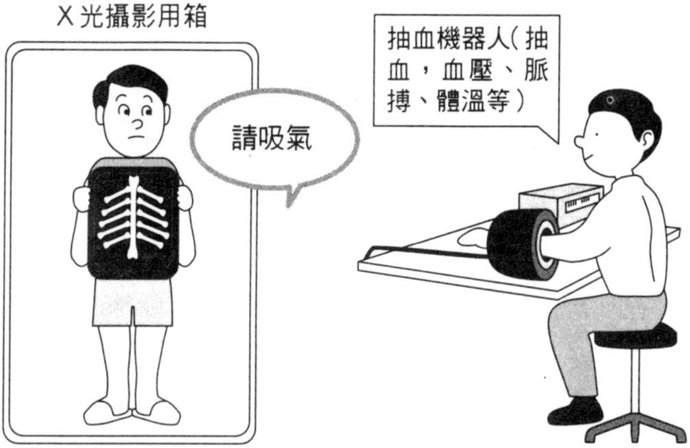

由醫師做最後的檢查

基因組創藥是基本證明藥，因此不可能無效，一定能產生效果。另外，基於SNPs訊息投藥，所以患者不會有副作用的痛苦。

診療機器人判斷需要進行各種精密檢查或手術處置時，就要將患者送到醫師處。基於精密檢查的結果，醫師進行準確的治療。

需要動手術時，則幾乎所有的手術都是藉著內視鏡或精細機器人來進行，所以，能將患者的負擔降到最低限度。手術後投與**再生因子**等，使傷口迅速復原，通常不需要住院。

如果是骨折，則投與骨再生因子加以固定，所以能夠迅速復原。

腎功能不全、心肌梗塞、**帕金森氏症**或是阿茲海默症等組織或器官壞死或脫落等疾病，則進行細胞治療。當然，如果整個臟器受損，則可以藉著自體細胞，以人工方式讓臟器再生，進行臟器移植。不需等待臟器提供者，也不用擔心會出現排斥反應，所以也不需要使用免疫抑制劑。如果基因本身缺損或異常，則進行基因治療。

接受藥物治療的患者，取回自己的ID卡後就直接回家。ID卡具備了健保卡、金融卡等所有的機能，不需要會計以及下一次的預約。

此外，診斷和投藥記錄全都記錄下來了，就算到另外任何地方的一家醫院，都可以持續接受相同的治療。

★再生因子
能夠將各種幹細胞分化為各種細胞的因子。

★帕金森氏症
因為缺乏神經傳遞質多巴胺而引起的以運動失調為主要症狀的腦神經系統疾病。

觀察2050年的醫院情況……③

一旦骨折

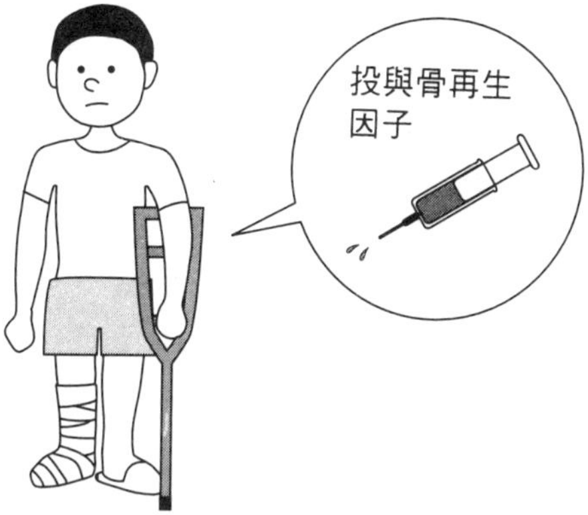

臟器移植

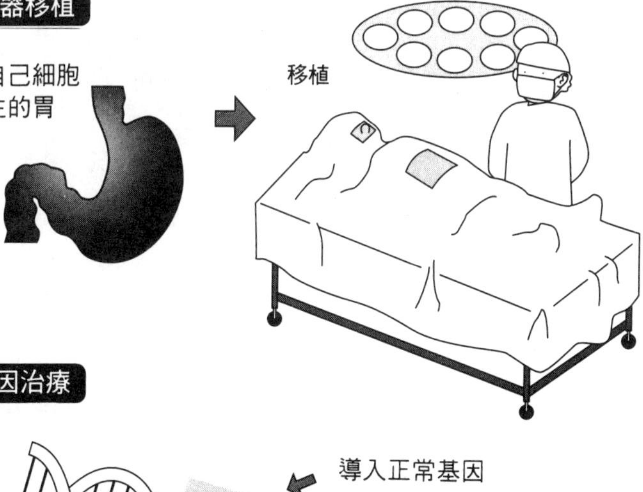

基因治療

◆如何實現基因組醫療？

隨著ＩＴ革命進步，利用基因組醫療展開我們心目中理想的夢幻醫療。

要接受這種醫療，最快還要等二十～三十年的時間。亦即要等人類基因組解讀結束，機能解析結束，特定出創藥目標基因，基於這些目標開發藥物，同時還要得到有關單位的許可。

結束ＳＮＰｓ解析之後，就能完全明白與疾病的關係、藥物的效果、有無副作用等。

而患者是否具有該基因，或該基因的發現是否真的異常，具有何種ＳＮＰｓ，還有臨床方面、醫院方面都必須開發出廉價且能夠馬上進行測定的技術及系統。

如果要等待二、三天才有結果，那麼，患者在這段期間內會因爲無效的藥物或副作用而感到煩惱。

如果全體國民的基因組在出生後立刻加以調查，事先登錄在ＩＤ卡上的時代能夠到來，則只要將ＩＤ卡插入檢查機器、診療機器中，就可以立刻對照患者的資料，不必在各個醫院進行患者基因或ＳＮＰｓ的檢查。

何時能實現基因組醫療？

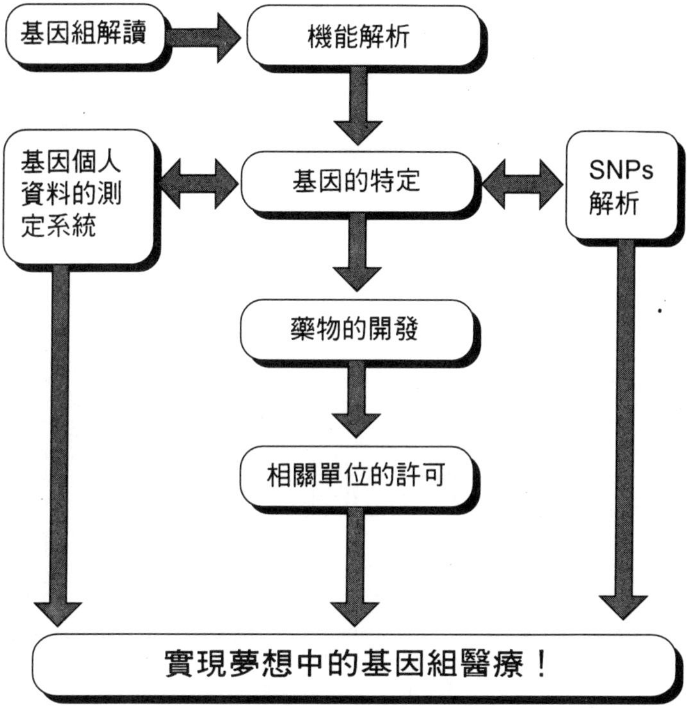
基因組解讀
機能解析
基因個人資料的測定系統
基因的特定
SNPs解析
藥物的開發
相關單位的許可
實現夢想中的基因組醫療！

最快也要等20~30年後

POST 3 GENOME

如何進行基因診斷、基因治療？

染色體尾端決定細胞的壽命！

◆缺損基因本身出入細胞內的基因治療

基因組解析後的先進醫療，到底是何種情況呢？

如果是罹患感染症，則因爲許多病原菌的基因組解析已經完成，能夠投與對這種病原菌的特有基因或基因產物（蛋白質）發揮特殊作用的藥物。這些藥物沒有副作用，而且只會殺死病原菌，所以，患者數天內就能復原。

若是特定基因的發現異常而引起的疾病，則只要抑制異常發現的蛋白質（酵素或受體等），投與加以抑制或拮抗的藥物，那麼患者至少能立刻從症狀中解放出來。如果主要的病因是特定的基因缺損或是發現受到抑制，就要投與該基因產物（**蛋白質醫藥**），讓缺損基因本身植入身體的細胞內，進行基因治療。這是一種根本治療。

細胞、器官或組織受損時，則投與能夠促進再生的蛋白質（再生醫療），或是以人工方式讓患者本身的細胞或器官組織在體外再生細胞（**細胞醫療**），或進行器官組織的移植（再生移植醫療）。像心臟、

★蛋白質醫藥
以該物質為醫藥品，將基因產物蛋白質投與患者。像顆粒細胞增殖因子（G－CSF）、紅細胞增殖因子（EPO）等，都已經當成醫藥品來使用。

★細胞醫療
是一種再生醫療，將細胞本身當成醫藥品投與患者。

肝臟、腎臟等臟器，藉著再生醫療，就能夠恢復原有的機能，因此心臟起搏器和透析治療都已經不需要了。全都是由自己的細胞、組織、臟器再生，所以，不必等待臟器捐贈者的出現，也沒有判定腦死的問題，而且移植後也不需要投與免疫抑制劑。

如果是骨折，則投與促進骨再生的因子，就能顯著縮短治療的時間。當然，皮膚或肌肉的傷，投與再生因子後能夠迅速痊癒。

以往認爲無法再生的腦或**中樞神經**，現在可以實現再生的夢想，甚至腦障礙或是癡呆症等都可以治療。

當然，這些治療必須配合個人ＳＮＰｓ解析的結果來進行（量身訂作醫療），因此，治療效果和副作用方面並沒有個人差。所以出現這種劃時代的結果，是因爲可以經由基因診斷預測疾病，繼而進行治療，這就是預防醫學的進步。至少基因組讓我們了解容易罹患何種疾病，只要生活上多加注意，在罹患疾病之前進行預防處置就可以了。

◆能夠改變壽命嗎？

更令人訝異的是，也許能夠控制壽命。染色體的兩端有像尾巴一般的ＤＮＡ，稱爲**染色體尾端**。這個染色體尾端的長度，因各生物種類的不同而有不同，是已經固定好的長度。

★中樞神經　腦、脊髓等中樞的神經。

★染色體尾端　尾端顆粒。真核生物染色體尾端的ＤＮＡ序列，每次細胞分裂時都會縮短，縮短到一定的長度以下時，細胞就不再分裂而會死亡。

細胞分裂時，染色體的尾端就會縮短一些，經過數次分裂，染色體尾端縮短到一定的長度時，細胞就不能夠再分裂，之後就會自殺。這個染色體尾端的長度，不光是與細胞的壽命有關，也和生物個體的壽命有關。

像癌細胞，即由於能夠使染色體尾端增長的染色體尾端酶發揮作用，因此，即使經過數次細胞分裂，染色體尾端也不會縮短。癌細胞經過數次分裂，仍然不斷的增殖（不死化），其原因就在於此。

無限制的增殖是癌細胞最糟糕的性質，但若是反過來利用這種性質，以人爲的方式增長染色體尾端的長度，避免其縮短，也許就能延長壽命。所以，我們將可能得到人類長年夢想的長生不老藥物了。

◆生物的夢想

最近在「二十一世紀，你會看到什麼呢？」的電視CM中，由人類基因組熱烈討論之後，懷中抱著嬰兒的母親說：「我也不太了解，但若是在這個孩子的時代沒有任何疾病，我一定會很高興……。」

也許三十年、五十年後還未必可知，不過若是人類的基因組解析完全結束，或許如上所述，這位母親的夢想真的能夠實現。這就是生物的夢想，也是認爲基因組解讀是「人類得到最重要地圖」的理由。

壽命可以延長嗎？

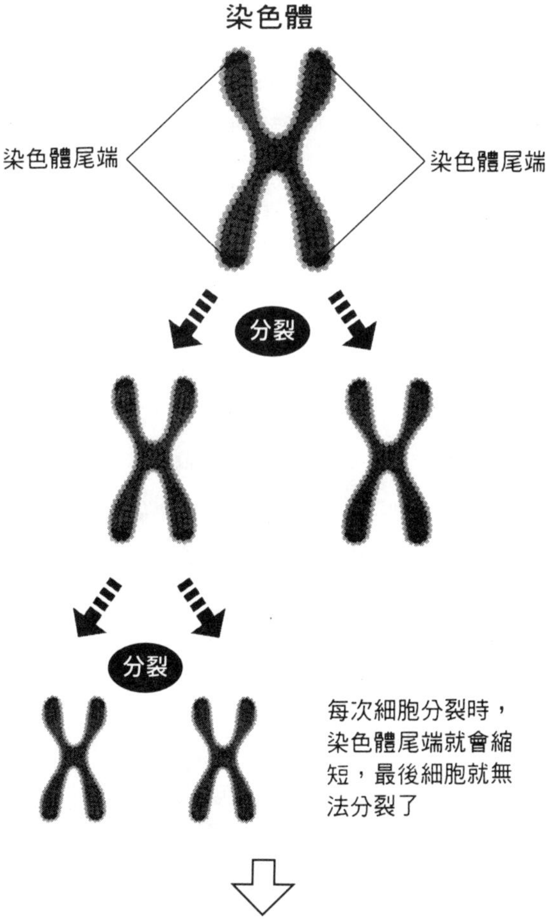
染色體
染色體尾端
染色體尾端
分裂
分裂
每次細胞分裂時，
染色體尾端就會縮
短，最後細胞就無
法分裂了

反過來加以利用，以人工方式延長染色體尾端，避免其縮短，也許就能夠延長壽命！

POST 4 GENOME

實現夢想醫療的障礙

結束即使基因組解析，也無法到達基因組創藥的地步

◆人類真的能夠從病痛中獲得解救嗎？

藉著人類基因組解讀，真的能夠實現夢想醫療嗎？對於一些疾病，這個願望的確能夠實現。幾年後，由基因組創藥而誕生的藥物問世之後，的確可以解救患者脫離疾病的痛苦。

此外，基於藥理學，如果正在使用的藥物對某些人有效，則可以讓患者使用無副作用的用量（量身訂作醫療）。

爲了推廣量身訂作醫療，必須確立能夠廉價迅速調查SNPs的技術。

◆無疾病的時代可能到來嗎？

到目前爲止，以往人類不了解的基因組訊息、輿圖、設計圖已經到手了，的確可以從以往使用藥物或治療法都無效的一些疾病中獲救。

但是，若要像廣告中那位母親的夢想一樣，創造一個完全沒有疾病的時代，那是不可能輕易實現的。

首先是技術方面的障礙。先前說過，不可能輕易的發現基因組訊息所有的基因，同時解析其機能。

不過，關於發現基因或是解析其機能，在科學及技術進步迅速的時代，也許不久的將來就能夠達到這個目標。

到時候，人類將可以得到人體零件所具有的各種機能蛋白質。也許的確可以開發出對該蛋白質具有特殊作用的藥物（**低分子**）或抗體（**抗體醫藥**），或加以發現的細胞（細胞治療），或是導入有缺損的基因（基因治療），注射不足的蛋白質或再生因子（蛋白質醫療、再生醫療），這些治療法將會普遍化。

但是，人體並非單純的零件集合體。整體的平衡以及相互作用非常重要。各個零件應該在何時、何處、有多少，都是重要的課題。

前面說過，基因組這個巨大的訊息，並非只有基因這個零件的設計圖而已，控制其發現的訊息也輸入其中，因此，目前還未掌握找到解答的端倪。

可能很多疾病，並不是因爲輸入基因中的蛋白質本身這種零件缺陷或故障所引起的，而是控制其發現的指令訊息紊亂造成的。所以，就算基因組解讀已經完成，但是，要實現「無疾病世界」的夢想還是

★低分子

分子量一五〇〇以下的化合物。

★抗體醫藥

抗體本身投與患者的醫藥品。像單株抗體、嵌合體抗體、人類化抗體等都已經在使用了。

相當困難，相信大家已經了解其理由了。

◆複數的基因和生活環境也會成為疾病的原因

此外，疾病的原因並不光是一個基因，也可能是複數的基因造成的，或是再加上生活環境造成的。

例如，現代病的代表糖尿病，可能和複數的基因有關，擁有相同基因的人，生活習慣或是生活環境與發病也有密切的關係。雖然基因組訊息能夠識別容易得糖尿病的人，但是否就與開發藥物直接有關，那就不得而知了。

此外，即使基因組解析結束，也不見得與基因組創藥有關。就算知道**亨廷頓舞蹈病**或**維爾納症候群**（成人早老病）的病因基因，但還是不知道藥物或治療法，這種情形屢見不鮮。

也就是說，即使知道設計圖或是疾病的原因基因，但不見得就和所有疾病的預防法或治療藥、治療法有關。

◆人類真的能夠從癌症中解放出來嗎？

到目前爲止，當**致癌基因**或是**制癌基因**、單株抗體被發現時，大家都會期待是否可以利用這些來治療癌症。

的確，兩個發現已經被用來治療一部分的癌症，但目前癌症還是

★亨廷頓舞蹈病　大腦基底核的一部分細胞萎縮而引起的遺傳病，會出現運動異常、智能障礙等症狀。

★維爾納症候群　非常罕見的遺傳病，是因為維爾納基因異常所引起的早老症。

人類能夠從疾病的痛苦中解放出來嗎？

20××年
你的病在以前是不治之症喔！
能活在現在這個時代真好！

因為基因組創藥而誕生的藥物，讓患者從一些疾病中獲得解救！

無法治療的疾病，人類還無法從癌症的威脅中獲得解放。同樣的，即使基因組解讀、解析進步，但是人類還不可能從所有的疾病中解脫。

總之，基因組解讀確實對醫療帶來極大的衝擊，但是，要實現一個無疾病的世界，恐怕還需要開發高度的技術、較長的時間及龐大的研究費用。

★致癌基因
也存在於正常細胞中，是和癌化指令有關的基因，目前已經發現的種類非常多。

★制癌基因
抑制細胞癌化的基因，一旦缺損時就容易得癌症。目前已經嘗試利用基因治療方式導入制癌基因，治療癌症。

5 基因組創藥與減輕醫療費

量身訂作的製品當然比成品的價格更貴

◆能夠減輕國民的醫療費嗎？

關於實現夢想醫療的第二個障礙，就是經濟性的問題。一旦達到基因組創藥的地步，就可以給予患者真正有效且適量的處方，所以可以期待減輕醫療費。

有效的藥物問世，實施真正能夠治療疾病的醫療之後，就可以大幅度縮短治療以及住院期間，也能夠減輕醫療費。

此外，如果能夠進行有效的創藥、臨床開發，當然也可以減輕開發費。

基因組創藥，真的能夠減輕國民的總醫療費嗎？

的確，不會進行無用的治療或投藥，住院、治療的時間也縮短了，當然就可以減輕醫療費。

但是，醫療進步再加上高齡化，結果就會使得總醫療費增加。此外，診療單價較貴的高度先進醫療的普及，也會增加醫療費。

關於這一點，大家只要想想機械，尤其是汽車就可以了解了。新

國民的醫療費

●醫療費所得的比例

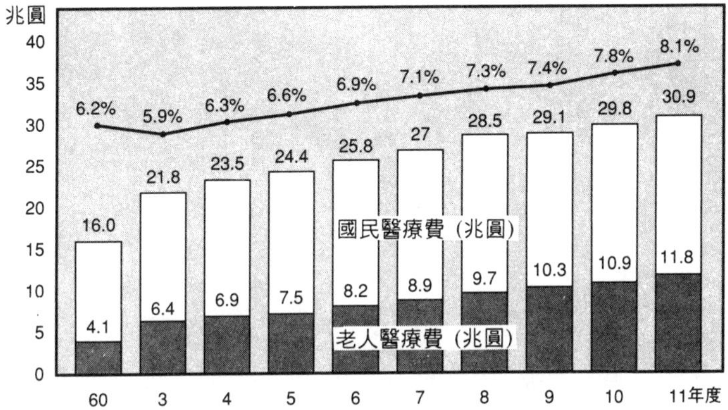

●醫療費等相對於前一年度成長率（%）

年	60	3	4	5	6	7	8	9	10	11
國民醫療費	6.1	5.9	7.6	3.8	5.9	4.5	5.8	1.9	2.6	3.6
老人醫療費	12.7	8.1	8.2	7.4	9.5	9.3	9.1	5.7	6.0	8.4
國民所得	6.8	5.9	−0.1	−0.0	0.9	1.1	2.6	0.8	−2.5	0.2

車因為設備完善，所以不需要花錢，但是數年後就會產生許多毛病，必須更換各種零件，為維持車子的機能，就必須要支付龐大的保養維修費用。

日本經濟產業省認為二〇一〇年**生物市場**的規模預測將會是目前的二十五倍的二十五兆圓。生物市場一半以上都與醫藥、醫療有關，因此，至少要增加十兆圓以上。

★生物市場 利用生物科技的製品或技術所形成的市場。

目前日本的醫藥品市場為六兆圓左右，所以增幅相當大。基於經濟產業省管轄的振興產業立場來看，這是可喜的現象。

但反過來說，這也表示醫藥品市場急速成長。像日本的醫療用醫藥品，幾乎都成為健保的對象，這將會使得今後的總醫療費增加。

招募有效率患者以及縮短開發期間，的確可以減少醫藥品的開發費。但是先前敘述過，製藥企業因為基因組創藥而每年要投入數百億圓，甚至數千億圓的研究費，為了回收先前投資的費用，具有相當市場規模的藥物會比較貴，而且只能夠開發患者數較多的疾病的藥物。

◆量身訂作醫療的成本

另一方面，重視個人的量身訂作醫療，但並沒有開發出患者數較少的疾病的藥物。即使是量身訂作的醫藥，因個人的不同，用量處方

生物市場的變動

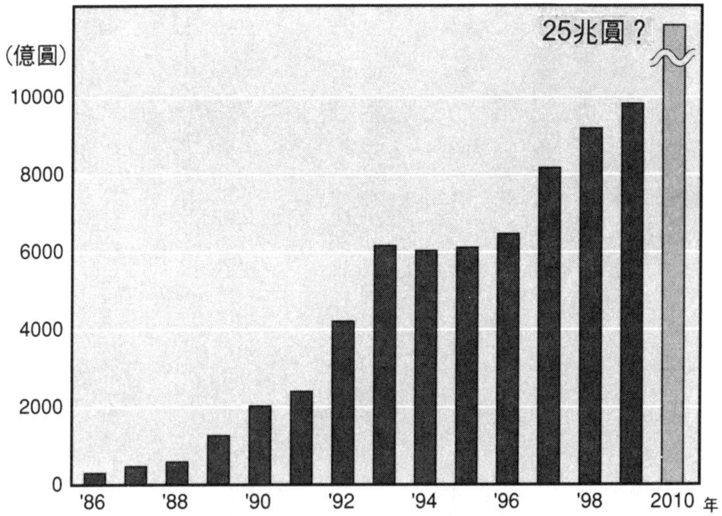

也不同，所以，製藥企業必須準備能夠應付各種處方的用量的藥，這也是提高成本的要因。

像服裝方面，訂作衣服比成衣貴，醫療方面也是如此。

因此，不能夠單純的認爲繼基因組解讀、解析及開發基因組創藥後，就能夠減少總醫療費。

POST 6 GENOME

生物技術的危險性

人類無法掌控的危險最可怕！

◆科學技術一定會出現危險

前面說過關於生物基因組研究的夢想，但是，也經常聽人說並沒有無副作用的藥物，所以不光是生物，任何科學技術都有危險性。

像汽車或飛機都可能發生意外事故。還有核能發電廠等，即使採取周全的防止意外事故對策，但還是可能發生意想不到的事故。事故大多是人爲的疏忽造成的，也可能出乎意料之外的原因而引起。

此外，人類無法控制而潛藏的危險相當多。像甘油炸藥或是核科學等，對於人類而言，科學技術經常都是「雙刃劍」。

即使進行反對運動或是簽訂國際條約，但是，像甘油炸藥或是核能等，人類將其當成武器而使用於戰爭上的危險，是無可避免的。

農耕技術造成人類社會的結構出現變化，更直接的說法是，農耕技術經由長年累月進展後，隨著焚田而使得熱帶雨林減少，二氧化碳增加，地球暖化，出現地球性規模的危機。

產業革命大量消耗資源或能源，引起公害問題，出現二氧化碳增加、地球環境遭到破壞等嚴重事態。

爲了防止水害而築水壩或是堤防，但是，另一方面卻破壞了自然環境。人類認爲好的東西，有時卻會破壞自然的平衡，得到出乎意料之外的結果。

◆先進技術所造成的功過

這一次是以基因組解讀爲主來探討生物革命所產生的先進技術，但同時也形成許多危險性。帶來劃時代大恩惠的技術，所造成的危險性也愈大。

普及速度太快，接受者都還沒做好準備，一旦發生問題無法有效處理，則危險性就更大了。但是，也別因此而畏懼科學技術。如果任何事情都加以反對，那麼，我們就無法享受這種恩惠了。我們要了解科學技術所帶來的恩惠，同時也要了解其危險性，然後在兩者的平衡上進行判斷，這才是最重要的。

科學家、國家、企業，絕對不能夠隱藏危險性。應該正確的了解危險性，極力謀求避開危險的手段。在問題即將表面化時，就要馬上集合眾人的智慧，趕緊謀求對策。

讓人們了解到科學技術所隱藏的危險性，也是科學家的責任。

POST 7 GENOME

基因改造作物技術所帶來的恩惠與危險

基因改造作物吃進體內也沒問題嗎？

◆對於環境溫和的基因改造作物

一般人對基因改造作物（ＧＭ作物）都有負面的印象，其實很多人都不了解基因改造作物技術所帶來的恩惠。

藉著產生對病蟲害的抗性而提高收穫量，也許大家認爲這是生產者、企業的理論，一般消費者並沒有受惠，但事實上並非如此。

現在的近代農業建立在大量使用化學肥料和農藥上。爲了保護作物免於病蟲害的危害，或是提高收穫量，必須大量使用化學肥料以及農藥。

製造化學肥料與農藥，會消耗掉石化燃料，使得能源枯竭，並形成二氧化碳問題。而大量散佈農業和肥料，也會引起環境污染與公害的問題。

能夠抵擋病蟲害，具有很好的抗寒、抗鹼性，收穫量較多的基因改造作物，可以減輕肥料或農藥的使用量，也可以解決地球環境和能源的問題。

換個看法，基因改造作物也可以算是對環境溫和的農業。對環境溫和，又能夠增加收穫量，可說是度過世界人口暴增、糧食危機的必要技術。

◆基因改造作物與過敏

最近基因改造的玉米「**史塔林克**」，因爲過敏問題而令人擔心。這些不存在於自然界的基因改造植物，和自然植物交配，帶來生物相變化的危險，很多人相當擔心這一點。

因爲生物的多樣性，故即使環境變化或疾病，也不會使得整個種頓時全部滅絕。但是，有的人卻認爲，在遺傳上基因改造植物只栽培均衡的種，可能會因爲出乎意料之外的環境變化等，使得全部的種蒙受劇烈的打擊。

的確，我們不了解其頻度、程度，可是基因改造作物中的異種蛋白質會引起過敏，這也是必須考慮的問題。

但不光是基因改造作物中的蛋白質會引起過敏，像天然的蕎麥、蛋也會使得某些人出現嚴重的過敏現象。

即使頻度或程度不同，但是，並沒有絕對不會造成任何人出現過敏的食品。引起過敏的頻度太高，或是出現嚴重的過敏現象，的確會

★史塔林克　在美國開發、盛產的基因改造玉米的商品名稱。

造成問題，但若是因爲有人對基因改造大豆、基因改造玉米過敏，而認爲基因改造食品很危險，那麼這種想法也未免太過膚淺了。

反過來說，關於基因改造植物中的異種蛋白質，可以藉著**肌膚測試**或是基因診斷，找出會對這些蛋白質過敏的人，這些人在看到該製品是使用基因改造大豆的標示之後，只要別吃這種基因改造食品就沒事了。

★肌膚測試
用加入物質的布貼在皮膚上，調查皮膚對於化學物質有無刺激性過敏反應的方法。

自然界各種植物進行交配，自然淘汰後，只留下能夠適應環境的植物。

從這觀點來看，可以不用太在意基因改造植物。不過，若是基因改造植物太強，可能會排除天然種。爲了保持多樣性，一定要留意這一點。

◆能夠產生乾淨能源嗎？

關於基因改造作物的優缺點，以及必要性與危險性的平衡問題，才是討論的重點。

人口增加導致糧食不足，農業、肥料的大量消耗以及環境污染等問題，和基因改造作物的危險性必須互相加以比較。將危險性抑制到最低限度，並且發揮優點，這才是我們應該要有的智慧。

事實上對環境溫和的基因改造作物

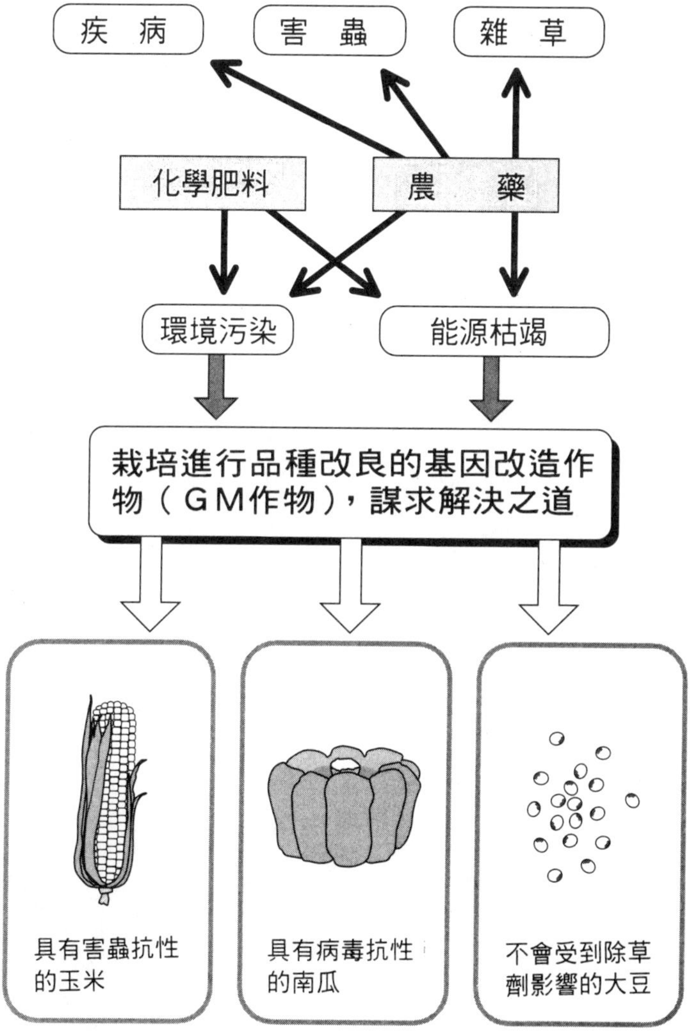

此外，根據植物基因組的研究，如果**與光合作用有關的基因**的研究能夠再進步，那麼，將來人類就能夠得到最棒的乾淨能源。

★與光合作用有關的基因
與植物的光合作用有關的複數基因。

◆能夠解決糧食危機的問題嗎？

目前世界人口已經突破六十億人。根據聯合國的預測，二〇五〇年將會達到九十三億人。另一方面，目前的耕地面積以現在農業技術能夠供養的最大人口只有八十億人。

換言之，再這樣下去，不久之後人類將會面臨糧食危機的問題。

在飽食的國內提及糧食危機，很多人並沒有實際的感受，然而目前世界上的確有很多孩子和大人正在挨餓。

雖說人口爆炸，但是，在出現少子化的日本，也許沒有實際的感受，不過在亞洲、非洲等地區，這個問題就很嚴重了。糧食幾乎完全依賴進口的日本，要了解糧食危機問題與自己絕對有關。能源枯竭問題、環境污染問題則更爲嚴重。

基因改造作物、生物能源、生物醫療等技術，將可以解決這些問題，也許能夠讓一百億人共同生存在這個小小的太空船地球號上。

認識其危險性，不要只是情緒性的加以拒絕。我們需要的是擁有能夠極力避免危險、運用優點的智慧。

人類所面臨的糧食危機

●世界各地的人口及人口增加率

地　區	人口(100 萬人)			人口增加率(%)	平均人口增加率(%)	人口增加率(%)	平均人口增加率(%)
	1990年	1995年	2000年	1990～1995年		1995～2000年	
世界	5,266	5,666	6,055	7.6	1.5	6.9	1.3
先進地區　※1	1,148	1,172	1,188	2.1	0.4	1.4	0.3
開發中國家	4,118	4,495	4,867	9.1	1.8	8.3	1.6
非洲	615	697	784	13.4	2.5	12.6	2.4
美國	722	777	929	7.5	1.5	6.7	1.3
北美	282	297	310	5.2	1	4.3	0.9
南美	440	480	519	9	1.7	8.2	1.6
亞洲	3,181	3,436	3,683	8	1.6	7.2	1.4
東亞　※2	1,350	1,422	1,485	5.3	1	4.4	0.9
其他亞洲地區	1,830	2,014	2,197	10	1.9	9.1	1.8
歐洲	722	728	729	0.8	0.2	0.1	0
大洋洲	26	28	30	7.9	1.5	6.7	1.3
日本	124	126	127	1.6	0.3	1.1	0.2

※1…北美、歐洲、澳洲、紐西蘭、日本
※2…中國、韓國、北韓、香港、澳門、蒙古、日本

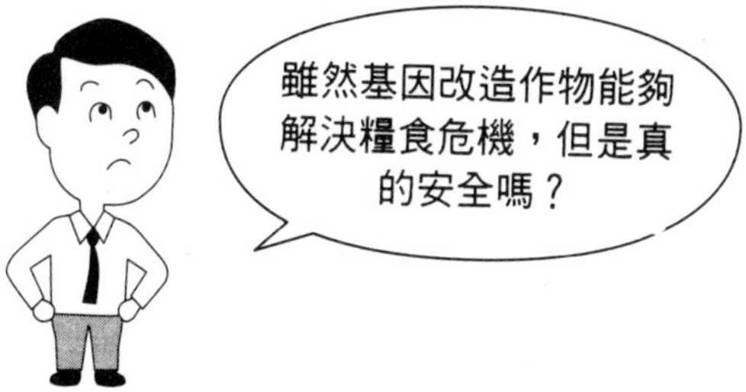
雖然基因改造作物能夠解決糧食危機，但是真的安全嗎？

POST 8 GENOME

先進醫療的危險性

錯誤實驗之後，當然會出現科學的進步！

◆沒有冒險，醫學怎麼可能會進步呢！

在此來探討一下先進醫療的危險性。

「有沒有無副作用的藥物」，經由基因診斷、ＳＮＰｓ診斷後，使用確實有效而且不會產生副作用的藥物，這就是量身訂作醫療的特徵。

重點在於要藉著科學技術避開危險。對醫師、患者而言，或是以醫療經濟的觀點來看，這種關鍵非常重要。

不過，即使是作用、構造明確的基本證明藥，或是配合個人的量身訂作醫療，也無法完全應付不單純的生物體。因爲人體具有非常精巧細緻的平衡，在這平衡上維持其機能。

補強或抑制壞掉的零件，反而會破壞生物體微妙的平衡。同時，時期和場合也很重要。

基因治療是好好的控制基因的發現，同時不讓運送基因的載體再爲非作歹，此外，還要注意是否會出現在目的以外的場所。

量身訂作醫療

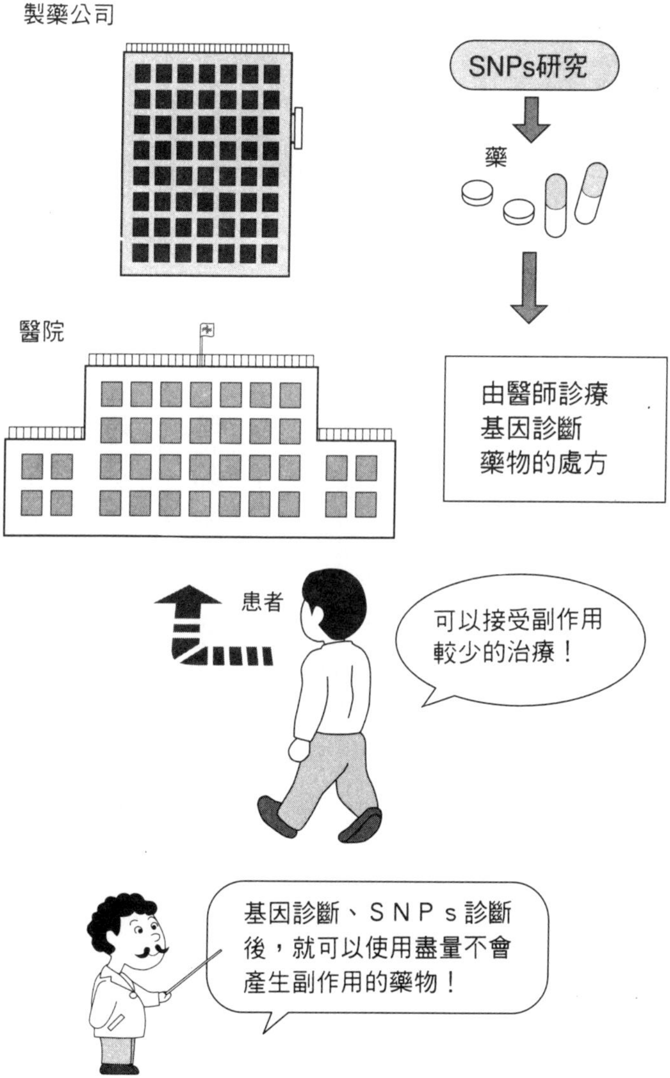
製藥公司
SNPs研究
藥
醫院
由醫師診療
基因診斷
藥物的處方
患者
可以接受副作用較少的治療！
基因診斷、ＳＮＰｓ診斷後，就可以使用盡量不會產生副作用的藥物！

如果沒有發現導入基因，當然就無法產生效果，但若是出現異常的高發現率，就會破壞生物體平衡，還可能引起新的疾病。

抗體醫藥，有可能抗體本身成爲抗原，產生新的過敏反應。

細胞醫療是指，幹細胞在體內真正的目的場所，只分化目的的細胞，不過，可預料到會有癌（細胞）化，或是在其他臟器分化爲另外一種細胞的危險性。但是，比起這些危險性而言，如果更期待治癒的話，則可以用來治療。

所以今後將要持續研究這些危險性，累積資料，減少其危險性。

當然，慎重的動物實驗、臨床實驗是必要的。不過，如果只是一味的害怕危險性，則醫學無法進步。科學還是需要經過錯誤實驗的步驟。

自從人類開始使用藥物之後，就一直與這一類副作用的危險性作戰，先進醫療並非什麼特殊的危險醫療。

當然，理論上應該要避免副作用，所以，在這一方面得到有所幫助的基因組或SNPs訊息，意義非常重大。

◆後基因組時代醫師的品質會降低嗎？

這是與先前所談完全不同次元的話題。到了後基因組時代的先進

擔心醫師的品質或道德觀念降低

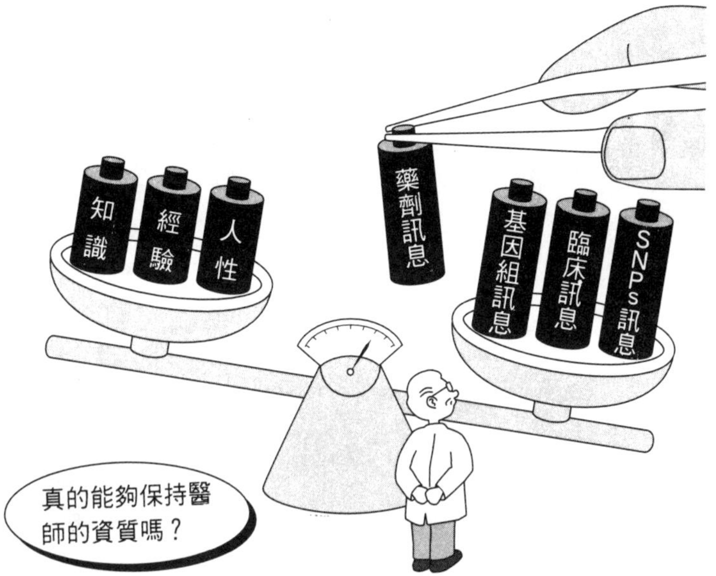

醫療，有人擔心醫師的品質、道德觀會降低。

醫療是基於基因組訊息、SNPs訊息、臨床訊息、藥劑訊息等資料庫進行診斷治療，這可說是電腦IT的世界。

當然，需要身為技術者的醫師，不過幾乎不需要知識、經驗、人性等資質。在這種狀況下，是否真能保持醫師的資質，令人懷疑。

複製技術在倫理方面的危險

個人基因資料可以受到保護嗎？

◆可以允許複製人存在嗎？

人類基因組、先進醫療、複製技術等方面，令人擔心的不是技術危險，而是倫理危險。

從倫理角度來看，個人資料（隱私權）的保護和技術使用方面，當然會利用各種法律限制或勸告等加以設限，但是，只要有訊息與技術存在，則無可避免的，法律和限制還是會有被打破的危險性。

例如網路，即使強化限制，但駭客和電腦病毒等犯罪行為還是層出不窮。姑且不論是惡意還是善意，複製人也許還是會誕生。

希望因爲交通意外事故而死去的幼兒重生，因此，美國並沒有制止民間研究人類的複製技術，甚至有些宗教團體宣布已經計畫製作複製人。

此外，美國的醫師認爲，只有不孕的夫妻才可以製作複製人，甚至還有來自日本的人希望製作出複製人。美國並沒有制止民間研究複製人。

不知道何時，國家的權力者或宗教的教宗等，可能會使用複製技術，即使用法律來加以限制，但還是會出現惡意使用個人基因資料的人，所以必須加以防備。

對於生下來的複製人，我們不能對他有差別待遇，也不能加以抹煞。不光是禁止研究複製人，該如何處理萬一生下來的複製人，也是今後必須探討的課題。

◆數十年內依然由同樣的橫綱（一級力士）君臨天下嗎？

即使不是複製人，但如果藉著再生醫療等能夠抑制人類的老化，藉著操作染色體尾端延長壽命，藉著基因治療操作人的能力，那的確是很好，不過，對於維持現代的社會秩序是否會造成困難呢？

人一旦年紀大了，智慧、體力、氣力衰退，而如果社會完全沒有這些現象，那又會變成什麼樣的社會呢？世代交替等是否會成爲廢詞呢？

權力者當然希望能夠長久居於權力的寶座，政治家和經營者到時就不會因爲年紀大或是疾病而引退，不會發生交替了。

運動選手並沒有因爲到達體力界限而引退，在奧運賽中奪得多面金牌。長達數十多年來，全都由橫綱君臨大相撲寶座，這些情況都有可能出現。

你能夠忍受這樣的世界嗎？

此外，也可能必須導入基因來進行檢查。

必須謀求對策，以應付這些問題的日子的到來，大概就在這數十年內的時間。

◆使用個人的基因資料

此外，如果基因組創藥能夠有效的用來當成量身訂作醫療，那麼個人的基因解析是不可或缺的。雖然無法完全解析個人的基因，但是像利用口腔黏膜或是十毫升的血液，就能夠解析個人基因資料，這在技術上已經是可以辦到的事了。

最令人擔心的是，參加人壽保險時是否要使用遺傳訊息。如果疾病不存在了，或是到了可以預測將來的疾病或壽命的時代，則人壽保險的制度可能已經失去存在的意義……。

在我們身邊，比較嚴重的問題就是結婚或是就職時可能會使用基因資料。

◆你真的能夠忍受長生不老的現象嗎？

現在，以基因組解讀爲代表的生物革命和ＩＴ革命正在同時進行中。兩者都是從根本上改變個人生活及價値觀的技術革命，而且速度非常快。

社會構造或是個人的生活方式、價値觀等，跟不上技術的革新，造成社會紊亂，這是最令人擔心的問題。不知大家是否能感覺到什麼是幸福，是否能擁有希望而生存下去呢？

萬一能夠實現人類夢想長生不老的世界，打破了人類的年紀會增長，會衰老（老化）或是死亡等生物的大原則，那麼，這將可能是最大的惡夢。

沒有世代交替的社會是什麼樣的社會呢？社會真的能夠進步嗎？光是想像就令人覺得毛骨悚然。

我想，應該不只是我有這樣的想法吧。

年紀不會變大，不會死亡，真的是一種幸福嗎？人類真的能夠忍受完全不老、不死嗎？年紀會變大，所以，才有趁著年輕時做應該做的事情，因爲必須迎向死亡，所以目前能夠活著才是最重要的事情。如果不會死亡，年齡不會老去，那麼還能夠發現生存的價値嗎？

夢想畢竟應該只是夢想，這才是一種真正的幸福吧。

POST GENOME 10 出生前基因診斷的問題點

健康與疾病的區分在何處？

◆就倫理方面來考量，問題最大的是出生前診斷

確認懷孕時，不論是誰都希望能夠生下四肢健全、健康的孩子。所以出生前的基因診斷，可讓父母們立刻得到答案。

現在利用出生前的診斷，只要調查胎兒、**羊水細胞**或是**絨毛細胞**的DNA，就可以檢查出三十多種疾病。此外，由於PCR（聚合酶鏈反應）這種DNA增殖法的發達，在技術上，受精卵基因診斷也是可行的。實際上，日本的婦產科醫師已經計畫利用受精卵判定男女，大學的倫理委員會在附帶條件下也提出了承認這種方法的實施方針，但卻遭到殘障團體的反對，所以事情暫時停擺。

結束基因機能解析之後，能夠進行出生前診斷的疾病將會增加許多。如果利用出生前基因診斷發現了疾病基因，那麼是否就可以進行人工墮胎呢？生下健康的孩子是所有父母的願望，然而健康與疾病的區分到底在何處呢？又該由誰來決定呢？另外，藉著基因改造等，被發現的疾病基因是否能夠加以修復而生下健康的孩子呢？

★羊水細胞
在子宮內，胎兒浮游的羊水中，來自於胎兒的細胞，可利用來進行出生前診斷等。

★絨毛細胞
懷孕時所生成的胎盤的絨毛細胞。

問題較多的出生前診斷

目前已經可以由出生前診斷檢查出30多種疾病。此外，在技術上也可以進行受精卵基因診斷

大學的倫理委員會在附帶條件之下，打算允許利用受精卵來判定男女，但是卻遭到殘障團體的反對，使得計畫暫時停擺

POST 11 GENOME

設計寶寶的登場

就技術上而言，可以創造基因改造（基因破壞）人

◆能夠創造更好的孩子的技術

前節談及父母對子女的想法，人類的慾望，尤其是對孩子的期望總是無休止的。生出健康寶寶是爲人父母者最低限度的願望，不過最好能夠生下頭腦聰明的孩子、運動神經發達的孩子，或是身材高大、體型健美的孩子、漂亮的孩子、性格很好的孩子等，希望能夠按照自己所設計的藍圖生下孩子。

現在也許別人會說：「看看自己就知道會生下什麼樣的孩子。」不過到了後基因組時代，就不是這種情況了。

因爲也許會誕生設計寶寶。所謂的設計寶寶，就是基因改造人。基因組機能解析、基因機能解析進步，則除了疾病基因之外，將會陸續發現關於身材高矮的基因，以及和眼睛、鼻子大小、雙眼皮等有關的基因。

此外，也會發現我們所說的頭腦聰明，或是運動神經發達等相關的基因群。關於性格方面，也許可以加以控制。

設計寶寶存在的世界

你們希望生下什麼樣的孩子呢？
嗯，20歲時的身高為180公分，頭髮是褐色的，不會得癌症、異位性皮膚炎……
在診所
全都是美女，無法審查耶～
應該要區分出是否為設計寶寶！
在環球小姐選美會上
以前要3高…
男人身高高、收入高、基因組高比較好
科學進步還是會產生一些問題！
在路上

此外，例如機械或建築物的設計圖，也許只要重新畫線，就可以設計出性能更好的機械或建築物。而基因組這個設計圖，如果植入更好的基因、破壞不好的基因，那麼，也許就能夠按照設計圖創造出更好的孩子來。

雖然目前人類還沒有完成基因改造或是破壞基因技術，但關於老鼠、家畜、猴子等方面，已經確立這種技術，如果願意，應該早晚也可以完成人類這一方面的技術。

◆青蛙的孩子還是「青蛙」

如果能夠得到社會的認知，那麼，按照父母的希望，就可以設計出身材高大、頭腦聰明、美麗的孩子。也可能會生下具有這些複數優點、如超人般的孩子。

「烏鴉可能會生下鷲」，當然「鳶鳥也可能會生下老鷹」。

但是，你真的會將老鷹或鳩的孩子當成是自己的孩子來疼愛、養育嗎？我想，畢竟「青蛙的孩子是青蛙」，這樣才比較可愛。

如果真的生下鷲或老鷹，則恐怕會後悔莫及。在用法律或規則限制之前，每個人都應該慎重的思考這個問題。

青蛙的孩子是「青蛙」嗎？

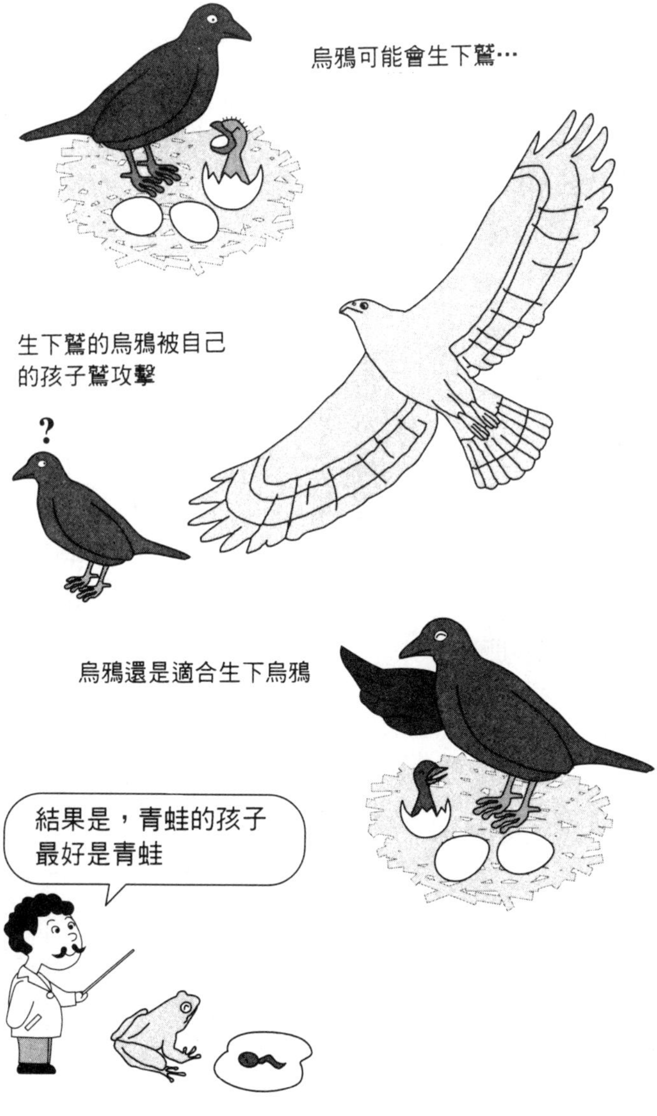
烏鴉可能會生下鷲…
生下鷲的烏鴉被自己
的孩子鷲攻擊
?
烏鴉還是適合生下烏鴉
結果是，青蛙的孩子
最好是青蛙

老化與壽命

萬人的老化與壽命已經進行了程式設計！

◆看對方立刻就知道年齡，真是很不可思議！

染色體尾端與壽命有關，如果染色體尾端不會縮短，則也許就能控制**老化**或壽命。但前面說過，老化和壽命並不是這麼單純的事情。

事實上老化真的很神奇。雖然具有個人差，但光看對方一眼，就立刻知道大概是十、二十、三十、四十，還是五十、六十歲層的人。

頭髮的量、白髮的程度、臉上的皺紋、頸部的鬆弛、手臂的感覺、姿勢、動作等，可以綜合進行判斷。一般來說，會看錯十、二十歲層的例子比較少。

先前所列舉的判斷要素，沒有人知道基準到底是什麼，也不可能用詞彙寫下來。然而當我們看到對方時，立刻就可以知道對方大致的年齡，但所判斷的年齡，也並非只有一、二歲的年齡差。

也就是說，每個人每年都會出現一些變化，日積月累，經過五年、十年後，就會出現任何人都能一目了然的變化。

每天看到自己和家人的臉，感覺好像沒有變化，但若是遇到多年

★**老化** 各種生物體機能隨著增齡而出現衰退現象。

人每年都會衰老！

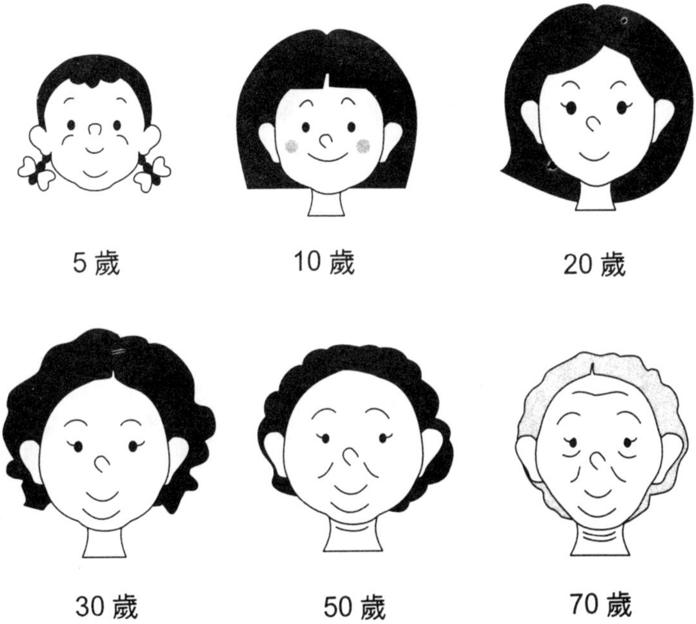

人每天每天年齡都會增長…

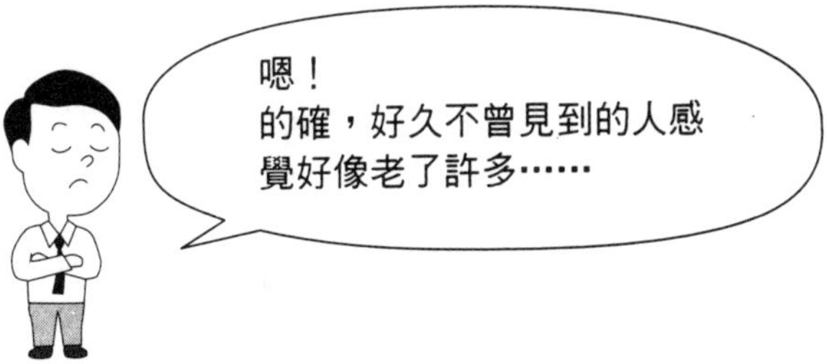

不見的人，則對方可能會認爲自己「年紀變大了」。老化的確是連續、慢慢的進行，而且會確實來到每一個人的身上。

◆老化是已經完成的程式設計

孩提時代，這種情況不叫老化，而叫成長，除了外觀上出現變化，體力、運動能力的變化更爲顯著、迅速。

經過鍛鍊的運動選手，在到達某個年齡之後，雖然外表上看不出來，但是卻會急速的衰老，可能會突然宣布要退休了。

雖然具有個人差，但是依運動種類的不同，退休年齡大致都已經決定好了。

像這種增齡、老化、最大壽命，可說是人類共通、已經做好的程式設計。

◆染色體尾端的長度的確可以決定壽命，不過……

老化或壽命的要因在於染色體尾端的長度、**活性氧**、宇宙線等。雖然眾說紛紜，但是，我認爲和許多因素都有關，而整體出現老化或死亡的結果。

依生物種的不同，已經決定好老化或壽命的現象，的確和基因或遺傳訊息（基因組）有關。

★活性氧

因為消化或劇烈的運動等，在體內生成毒性極強的氧分子，也稱為超氧。具有殺菌作用，會損傷DNA等。

細胞壽命與動物最大壽命的關係

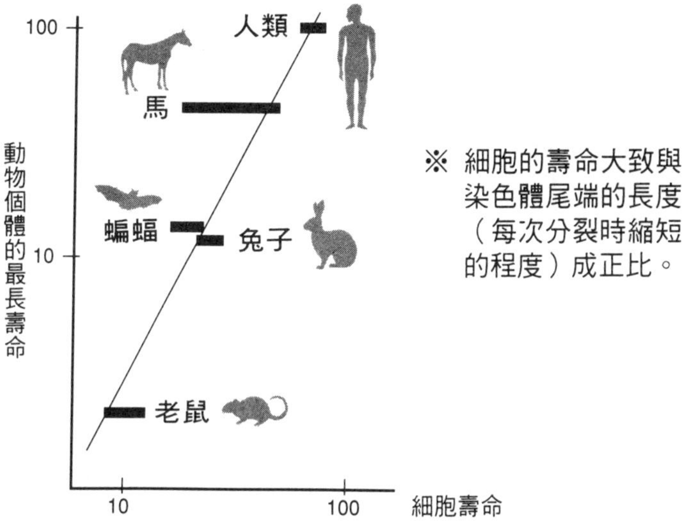

※ 細胞的壽命大致與染色體尾端的長度（每次分裂時縮短的程度）成正比。

要因非常的多，因此，當然是以各生物種表現出平均的形質。

因爲，就算只有一、二種要因，也會產生個人差，不過經由努力就可以克服。

染色體尾端的長度決定了壽命。雖然多細胞生物的壽命和染色體的尾端有關，但並不說是保持染色體尾端的長度，就可以長生不老。否則將會陷入最大的惡夢中。

POST 13 GENOME

由基因組來看人類

人類基因數只有果蠅的二倍

◆萬物之靈人類的驕傲自大

二〇〇一年二月，國際互助團體與塞雷拉公司的人類基因組解讀結果，各自刊載在 Nature 以及 Science 雜誌上。而本書也談及過好幾次，根據基因組解讀的結果，確定人類基因數爲三萬個至四萬個。

報章雜誌以及媒體上所報導的，則是『人類基因數僅僅爲果蠅的二倍』。這個駭人聽聞的報導，令人感受到「萬物之靈」人類的驕傲自大。

因爲這些報導似乎認爲萬物之靈人類的基因（零件）的數目，竟然只是低等、骯髒的果蠅的二倍，令人既驚慌又懷疑。

基因數爲果蠅的二倍，但是，與老鼠等哺乳動物相比時，幾乎完全一樣。

此外，也只不過是大腸菌細菌的十倍。不光是數目，大約九〇%的哺乳動物具有和人類非常類似的基因。而像黑猩猩等靈長類，則九八%與人類相同。

他們認爲，人類是特別存在著的人，即使人類基因爲三萬個、四萬個，還是認爲由DNA轉錄mRNA的過程中所產生的接合（剪接的時候），會一起剪接一、二個表現序列和內子，從這兒轉譯的蛋白質，也是同樣的基因產物，因而會形成一些差距，也形成不同的機能（稱爲**接合變形**）。因此，如果是三萬個至四萬個基因，實際上應該可以構成比其他生物多二倍至數倍的蛋白質（零件）。所以人類基因數目這麼少，有的人感到既驚訝又懷疑。

但是，這個主張本身很矛盾。因爲和沒有內子、轉錄階段沒有接合過程的細菌相比另當別論，但是既然人類存在接合變形，則不論是果蠅還是老鼠，與人類相同的基因DNA中具有內子構造，在轉錄過程中接受接合者，所以，也應該同樣存在著接合變形。

因此，事實上並沒有任何根據顯示，人類的基因數比其他的動物更多。

★接合變形

由DNA轉錄為RNA之後，接受接合的內子部分被剪接捨棄掉，形成mRNA，這時出現一些差距，接受接合時，就會生成稍有差距的mRNA，結果就會生成稍有差距的蛋白質。

◆從一個基因領域形成複數基因產物的可能性

話題似乎太過於專業性了，不過請看Nature雜誌二月二十二日號新發現的論文。

以往認爲DNA是形成雙股螺旋而存在，然後轉錄RNA上轉譯爲蛋白質時，只以雙股螺旋中的單股爲模型進行轉譯。但到底是以哪一股爲模型，則眾說紛紜，沒有定論。

而根據使用果蠅所做的最新研究，發現雙股DNA都轉錄mRNA，形成了雙股RNA，連接起來得到單股mRNA，然後再轉譯爲蛋白質。

如果這是事實，那麼，就和接合變形同樣，依連接方式的不同，可能從一個基因領域形成複數的基因產物（零件），而零件數目還會增加。

但這並不是只有人類才有的特殊情況。

◆人類這種生物並不是出類拔萃的存在！

人類這種生物的特徵就在於智慧。不論是運動能力或是嗅覺、視覺等，很多動物都比人類優秀。不，就算是和貓、狗相比，除了智慧之外，人類並沒有其他比較優秀的地方。

人類不具有像鳥或蝙蝠等能夠飛翔的機能，所以「只有人類是特別的存在。基因數應該比其他動物更多」，這只不過是人類驕傲自大的想法罷了。

基因組解讀的結果，人類的基因數爲三萬至四萬個，比我們想像

主要生物的基因組容量

生物種	基因組容量
流行性感冒病毒	1.8MB
支原菌	0.58MB
阿米巴原蟲	400MB
枯草菌	4.2MB
大腸菌	4.7MB
藍藻	3.5MB
出芽酵母	13.5MB
線蟲	100MB
白葶藶	130MB
稻子	430MB
小麥	17000MB
玉米	2500MB
果蠅	180MB
河豚	400MB
斑馬魚	1700MB
蠑螈	325MB
老鼠	3100MB
黑猩猩	3200MB
人類	3300MB

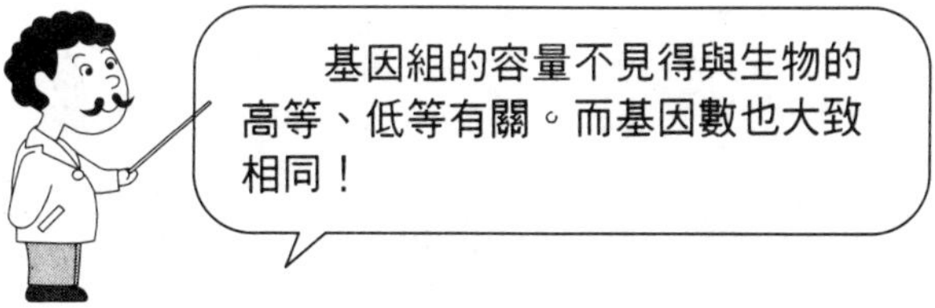
基因組的容量不見得與生物的高等、低等有關。而基因數也大致相同！

的更少，所以有的人感到很驚慌。而構成身體的零件數目，和其他的哺乳類幾乎一樣，事實上這是理所當然的事情。

關於腦的功能方面，掌管生命活動基本機能的**腦幹**、**小腦**、**大腦古皮質**等，大部分都和哺乳動物共通，只有新皮質部分是人類特別進化而來的。

概言之，新皮質的差距與靈長類相比爲二％，與老鼠等哺乳動物相比較爲十％，所以在基因階段並沒有什麼大的差距。

總之，透過基因組解讀讓我們了解到，與其他的哺乳類相比，人類這種生物並非特別突出的存在。

如果說大腦新皮質的發達成爲人類特別存在的因素，則人類的價值就不是在於是生物的價值，而是在於環境、學習及教育。這可能是因爲和大腦新皮質有關的基因數，以及人類特有的基因的存在所造成的，也可能是如前所述，輸入廢物基因部分的指令書的複雜性所造成的。

這一點具有非常重要的意義。首先是人類認爲低等的生物，事實上其與人類的本質都是相同的，第二點則是可能能夠藉著複製技術製造出複製人，但這也意味著我們不能夠去製造複製人。

★腦幹 在腦的中央部分，掌管心跳、呼吸等維持生命的基本機能。

★小腦 位於腦後方下部，掌管運動中樞。

★大腦古皮質 存在於大腦皮質深處，進行所有的精神活動。大腦新皮質詳細處理大腦古皮質的資訊，進行記憶的存取。

構成大腦的皮質

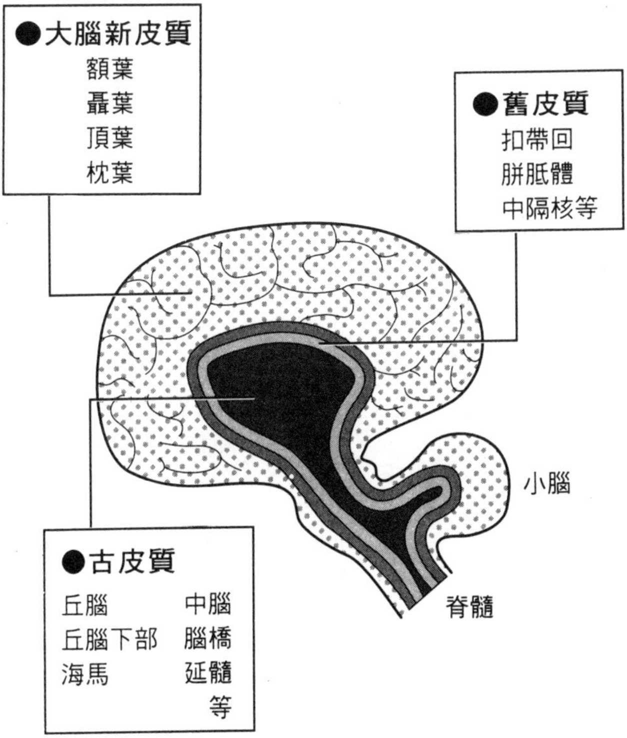

腦幹、小腦、大腦古皮質等，與哺乳動物共通。人類只有新皮質的部分特別進化！

POST 14 GENOME

何謂生命？

人造機器人只不過是機器人

◆我們很難給生命一個定義

生命到底是什麼？

生和死有很大的差距，看似一目了然，但是，就像腦死判定問題一樣，事實上這是很難去探討的問題。

不明白生死，是因爲存活生命等，很難以科學方式加以定義。

在筆者還是學生時，當時對於生命的定義是「所謂生命，就是能夠自我複製，能夠增殖」。當時，也在討論只有自己、不能增殖的病毒，其到底是生物還是非生物。

也有人認爲「對於外界的訊息或刺激會產生反應就是活的，沒有反應就是死的」。不過，現在也有不少機器人或電腦會對外界的刺激產生反應。

即使構造再精巧，但機器人畢竟還是機器人，絕對沒有人會視它爲生物。

很難給予定義的生命

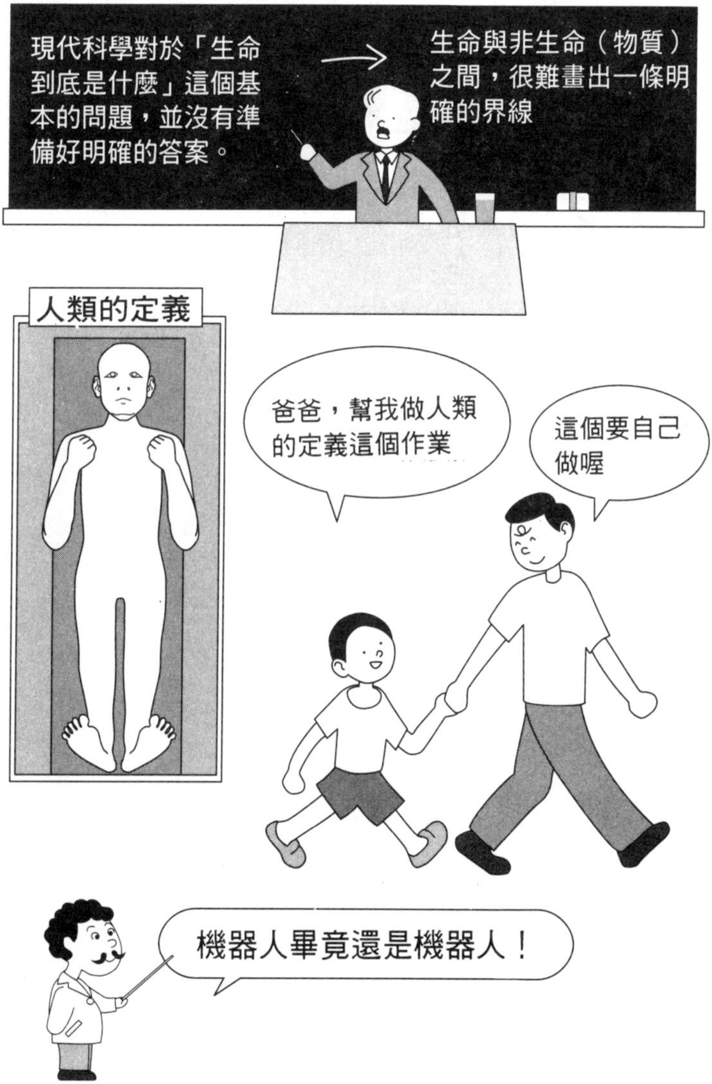
現代科學對於「生命到底是什麼」這個基本的問題，並沒有準備好明確的答案。
生命與非生命（物質）之間，很難畫出一條明確的界線
人類的定義
爸爸，幫我做人類的定義這個作業
這個要自己做喔
機器人畢竟還是機器人！

◆細胞階段與個體階段的差距

此外，就算同樣是活著，但是卻有細胞階段或個體階段的差距。單細胞生物或多細胞生物的一個細胞的生死，比較明瞭。

但是，也很難給予其一個明確的定義。

能夠以實驗的方式在試管內自行複製ＤＮＡ，但是，大家都不會認爲ＤＮＡ是一種生物。

像人類這種多細胞生物，即使個體死亡，然而有些構成個體的細胞還是活著的。

人類的細胞能夠在試管內持續生存。就像腦死移植一樣，從屍體內取出活著狀態的臟器移植到他人體內，讓其他人能夠持續生存。

所以，生命到底是什麼，很難以科學的方式加以定義，相信大家都能了解其原因。

科學愈進步，這種難度就更提高了。

◆活著和死去有明顯的差距

活者和死去有明顯的差距。像生物與無生物也有明確的不同。即使是低等微生物，但生物畢竟是生物，而集科學精華於一身所誕生的人造機器人，其終究不是生物。

生命與單純物質的區別是什麼？

區別的條件

擁有膜，可以與外界分隔開來
自行複製，留下子孫
進化
使用能量將其他的物質轉化為另一種物質
進行代謝

生命，的確很神奇。

基因組是生物的設計圖，所以生命的定義應該就輸入在裡面。

已經完成基因組解讀的人類，不光是生物，應該也得到了生命的設計圖。

塞雷拉公司想要創造人造生命，而得到設計圖加以解析，也許就真的能夠創造出有生命的人類來。

POST 15 GENOME

「生命」畢竟是神的領域

即使是低等的動物，我們也無法製造出來

◆人類的基因數只不過是三萬數千個而已！

基因組解讀、解析進步，結果經由各種證據，發現人類有三萬數千個基因。可能比汽車零件的數目還少。

三萬數千個，只是大腸菌等細菌類的十倍，白葶藶等高等植物或果蠅的二倍而已。

也就是說，自以爲高等的我們，構成人類的零件數目，也只不過是最低等生物細菌的十倍而已。

如果以零件數目來比較，則和老鼠等哺乳動物沒什麼差距。若人類是高等生物，那麼，其依據並非在於零件數目，而是在於腦的機能和輸入廢物基因中的指令書的差距。

人類一直相信：「人類是最高等的生物，與其他動物有明顯的差距」。但是，以基因階段來看基因組解讀，微生物和人類只有十倍的差距而已，而和老鼠等哺乳動物相比，則幾乎沒有差距。

高等動物與低等動物

從基因階段來看，人類並沒有什麼大不了的
基因數甚至比腳踏車的零件更少呢？
從基因階段來看，人和低等動物沒什麼差別

◆人類無法創造生命！

也許大家會很意外，就算是人類，也無法創造出低等生物微生物等生命。

全部零件（蛋白質）、基因組DNA（設計圖、設計書）等，再怎麼混合，也無法注入生命。不論是進行基因改造還是複製技術、再生醫療，也無法構成活的細胞（宿主細胞）。

小說『株羅紀公園』，是利用恐龍的DNA（基因組）讓恐龍復活，但是在現實生活中，這是不可能辦到的事情。只有從琥珀中的蚊子體內抽出恐龍的DNA，植入爬蟲類的卵中，才能夠讓恐龍復活。關於機械，則只要有設計圖、素材，就可以製造出來。然而，就算得到基因組這種生物的設計圖，也不可能創造單細胞生命。也不可能使死亡的細胞重生。

當然，更不可能製造出多細胞生物的高等動物。因爲多細胞所構成的高等動物，只能在母體內成長。

世上的研究者們，即使耗費了幾千億、幾兆億的金錢，也無法創造出一個低等的生命來。

基因組的解讀、解析，無法讓我們了解「生命的神秘」，但是卻

最初的生命來自於原始的海中？

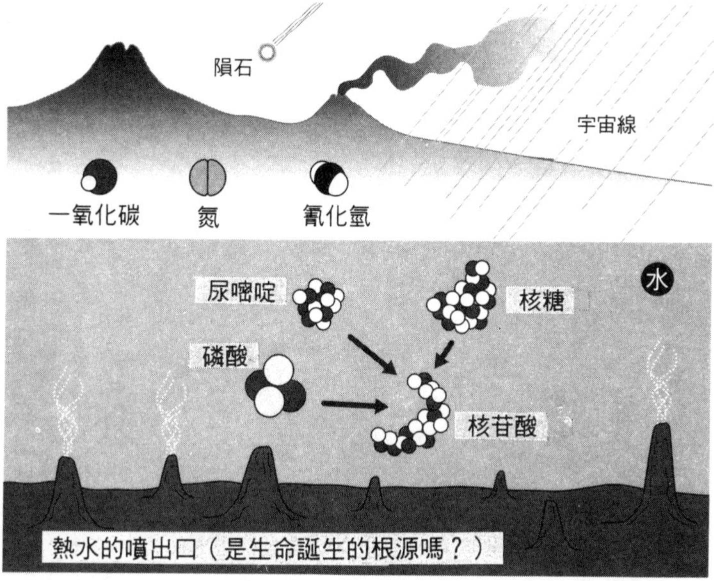

讓人類知道了「生命」的神奇，認識到「生命」的可貴。

雖說在三十六億年前的原始海中形成了ＲＮＡ，或彗星運來了氨基酸，但最初的生命是如何誕生的，至今依然是個謎。

我想，「生命」問題應該是人類無法侵犯的神的領域。

POST 16 GENOME

二十一世紀是再認識「生命」尊貴的時代

後基因組時代是「生命」的時代！

◆少年犯罪的發生

最近，媒體經常報導青少年用彈弓攻擊鴿子、鴨子、兔子、貓等小動物加以殘害的事件。青少年不分青紅皂白的殺人、殺害父母，或父母虐殺子女等脫離常軌的事件層出不窮。

問他們做這些事情的動機，結果答案卻是「想殺人看看」或「想知道人會不會死」，令人驚訝。難道他們完全都沒有感覺到生命的可貴嗎？

由於自組小家庭等，沒有和老年人生活在一起，因此，很少有機會經歷人的死亡，但真的是如此嗎？

◆生命的神奇、精緻

現代是科學時代。我們必須從科學的角度來了解生命的可貴。基因組解讀、設計圖、文字、密碼、基因、蛋白質、基因改造、人類的零件等字眼，也許會讓人覺得生物和機械是同樣的。

但是，先進生物科技是想讓人們了解到生物、生命的神奇、巧妙

21世紀是「生命」的時代！

產業革命

19世紀

莫爾斯發明電報機，貝爾發明電話，愛迪生發明留聲機，諾貝爾發明甘油炸藥等，是發明的時代。

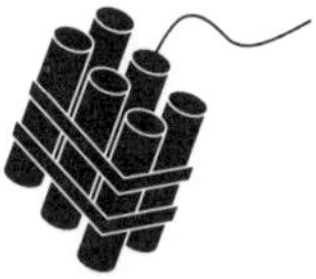

20世紀

經由倫琴發現了Ｘ光

物質文明的時代

21世紀

21世紀是什麼樣的時代呢？
發現雙股螺旋只有50年。在這段期間內，生命科學有了極大的進步。另一方面，也是到了重新評估「生命」價值的時代了。

生命世紀的到來！

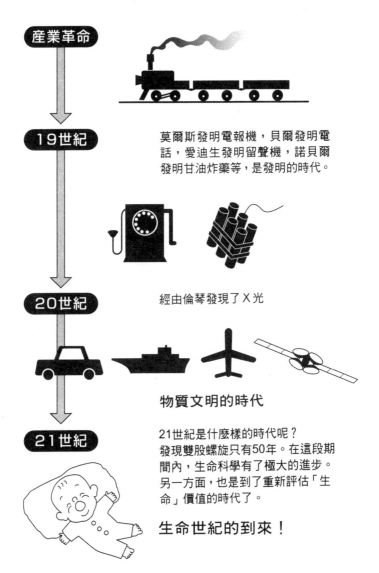

和精緻。

透過基因組解讀、解析，讓我們重新認識生命的可貴，重視生命，所以「基因組解讀」是人類所得到最重要的輿圖。

◆基因組震撼！

後基因組時代的二十一世紀中期，經由人類基因組解析的結果，了解了一些疾病的原因，開發出治療藥，而且基因治療或再生醫療等先進醫療也開始實用化。

以往完全沒有治療法的遺傳病或臟器功能不全等的疾病，都可以治療，而且也可以藉著SNPs解析特定出個人差，藉著量身訂作醫療，實現更重視個人的醫療。

此外，植物基因組、基因改造食物或複製動物等的技術，使我們的食材不虞匱乏，而藉著微生物基因組的解析，能夠淨化受到污染的環境，在淨化的環境中，能夠利用乾淨、廉價的生物能源來過生活，這些都是可以實現的願望。

這可以說是基因組解讀、解析所帶來的最大震撼。

如果人類能夠透過了解最尖端的生物研究、基因組研究的成果，真正了解到生命的神奇和可貴，衷心的重視生命，重視他人以及所有

重新評估「生命」的價值！

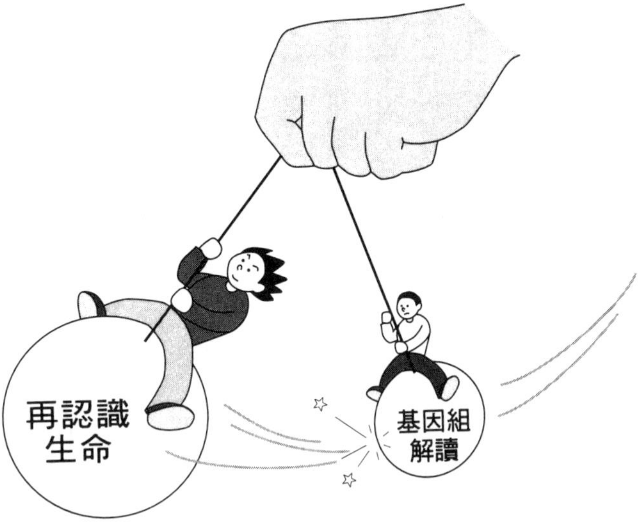

的生物，這才是基因組解讀、解析以及生物科技的最大震撼，也可以說是二十一世紀人類新生活方式的啓示。

不光是自己，也要重視他人的生命，重視其他生物等，擁有這種心，才是活在新世紀的人類應有的智慧。

屆時，人類就會發現到「二十一世紀是真正的生命的世紀」。這才是基因組解讀最大的成果。

【參考圖書】

『そこが知りたい！遺伝子とＤＮＡ』　中原英臣監修・久我勝利（かんき出版）
『遺伝子のしくみと不思議』　横山裕道（日本文芸社）
『遺伝子ビジネス革命入門の入門』　海老原　充（あさ出版）
『ヒトゲノムのことが面白いほどわかる本』　大朏博善（中経出版）
『ヒトゲノムのしくみ』　大石正道（日本実業出版社）
『ゲノムが世界を支配する』　中村裕輔・中村雅美（講談社）
『三菱総合研究所代予測ゲノムビジネス』　三菱総合研究所ゲノム研究会（エイチアンドアイ）
『日本のトップランナー清水信義が説くヒト「ゲノム」計画の虚と実』　清水信義（ビジネス社）
『日本「ヒトゲノム計画」のいま』　村上和雄・清水信義（ビジネス社）
『解読されたゲノム情報をどう活かすか』　村松正美　他（東京化学同人）
『ヒト遺伝子のしくみ』　生田　哲（日本実業出版社）
『ゲノム医学の新しい展開』　榊　佳之・中村裕輔（講談社サイエンティフィック）
『遺伝子の地図帳』　田辺　功・山内豊明（西村書店）
『遺伝子で診断する』　中村裕輔（ＰＨＰ新書）

『ＤＮＡから遺伝子へ』　石川　統（東京化学同人）
『語りだすＤＮＡ』　佐川　峻・中原英臣（毎日新聞社）
『ヒトの遺伝』　中込弥男（岩波新書）
『動物をつくる遺伝子工学』　東條英昭（講談社ブルーバックス）
『遺伝子の技術、遺伝子の思想』　広井良典（中公新書）
『人間の遺伝子』　榊　佳之（岩波科学ライブラリー）
『ゲノム情報を読む』　宮田　隆・五條堀　孝（共立出版）

【引用文献】

ヒトゲノム解読の結果に関する特集号
Nature　409(6822)　FEB 15, '01
Science　291(5507)　FEB 16, '01
ＤＮＡの二重鎖は両方がタンパクに翻訳される（本書２１５頁）
Nature　409(6823)1000　FEB 22, '01

【索 引】（以ABC……及筆劃順序排列）

作者介紹

才園　哲人

一九四六年出生於日本東京。畢業於東京大學，後來在上市的生物系列企業進行研究及開發，統籌業務。曾任研究總部部長。目前從事諮詢顧問業務，同時撰寫科學隨筆。為農學博士。是日本農藝化學會、日本免疫學會、日本癌症學會會員。

主要著書包括『抗人類腫瘤單株抗體的有效製作法』『我們是貓』。合著書籍包括『氨基酸發酵』『二〇一〇年技術預測』『二〇一〇年技術預測一〇一』等。

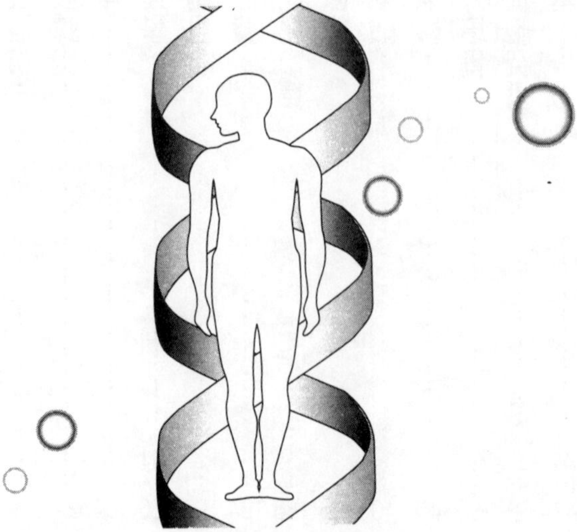

大展出版社有限公司
品冠文化出版社

圖書目錄

地址：台北市北投區(石牌)
致遠一路二段12巷1號
郵撥：01669551＜大展＞
19346241＜品冠＞
電話：(02)28236031
28236033
28233123
傳真：(02)28272069

・少年偵探・品冠編號66

1.	怪盜二十面相	(精)	江戶川亂步著	特價 189元
2.	少年偵探團	(精)	江戶川亂步著	特價 189元
3.	妖怪博士	(精)	江戶川亂步著	特價 189元
4.	大金塊	(精)	江戶川亂步著	特價 230元
5.	青銅魔人	(精)	江戶川亂步著	特價 230元
6.	地底魔術王	(精)	江戶川亂步著	特價 230元
7.	透明怪人	(精)	江戶川亂步著	特價 230元
8.	怪人四十面相	(精)	江戶川亂步著	特價 230元
9.	宇宙怪人	(精)	江戶川亂步著	特價 230元
10.	恐怖的鐵塔王國	(精)	江戶川亂步著	特價 230元
11.	灰色巨人	(精)	江戶川亂步著	特價 230元
12.	海底魔術師	(精)	江戶川亂步著	特價 230元
13.	黃金豹	(精)	江戶川亂步著	特價 230元
14.	魔法博士	(精)	江戶川亂步著	特價 230元
15.	馬戲怪人	(精)	江戶川亂步著	特價 230元
16.	魔人銅鑼	(精)	江戶川亂步著	特價 230元
17.	魔法人偶	(精)	江戶川亂步著	特價 230元
18.	奇面城的秘密	(精)	江戶川亂步著	特價 230元
19.	夜光人	(精)	江戶川亂步著	特價 230元
20.	塔上的魔術師	(精)	江戶川亂步著	特價 230元
21.	鐵人Q	(精)	江戶川亂步著	特價 230元
22.	假面恐怖王	(精)	江戶川亂步著	特價 230元
23.	電人M	(精)	江戶川亂步著	特價 230元
24.	二十面相的詛咒	(精)	江戶川亂步著	特價 230元
25.	飛天二十面相	(精)	江戶川亂步著	特價 230元
26.	黃金怪獸	(精)	江戶川亂步著	特價 230元

・生活廣場・品冠編號61

1.	366天誕生星	李芳黛譯	280元
2.	366天誕生花與誕生石	李芳黛譯	280元
3.	科學命相	淺野八郎著	220元

4.	已知的他界科學	陳蒼杰譯	220 元
5.	開拓未來的他界科學	陳蒼杰譯	220 元
6.	世紀末變態心理犯罪檔案	沈永嘉譯	240 元
7.	366 天開運年鑑	林廷宇編著	230 元
8.	色彩學與你	野村順一著	230 元
9.	科學手相	淺野八郎著	230 元
10.	你也能成為戀愛高手	柯富陽編著	220 元
11.	血型與十二星座	許淑瑛編著	230 元
12.	動物測驗—人性現形	淺野八郎著	200 元
13.	愛情、幸福完全自測	淺野八郎著	200 元
14.	輕鬆攻佔女性	趙奕世編著	230 元
15.	解讀命運密碼	郭宗德著	200 元
16.	由客家了解亞洲	高木桂藏著	220 元

・女醫師系列・品冠編號 62

1.	子宮內膜症	國府田清子著	200 元
2.	子宮肌瘤	黑島淳子著	200 元
3.	上班女性的壓力症候群	池下育子著	200 元
4.	漏尿、尿失禁	中田真木著	200 元
5.	高齡生產	大鷹美子著	200 元
6.	子宮癌	上坊敏子著	200 元
7.	避孕	早乙女智子著	200 元
8.	不孕症	中村春根著	200 元
9.	生理痛與生理不順	堀口雅子著	200 元
10.	更年期	野末悅子著	200 元

・傳統民俗療法・品冠編號 63

1.	神奇刀療法	潘文雄著	200 元
2.	神奇拍打療法	安在峰著	200 元
3.	神奇拔罐療法	安在峰著	200 元
4.	神奇艾灸療法	安在峰著	200 元
5.	神奇貼敷療法	安在峰著	200 元
6.	神奇薰洗療法	安在峰著	200 元
7.	神奇耳穴療法	安在峰著	200 元
8.	神奇指針療法	安在峰著	200 元
9.	神奇藥酒療法	安在峰著	200 元
10.	神奇藥茶療法	安在峰著	200 元
11.	神奇推拿療法	張貴荷著	200 元
12.	神奇止痛療法	漆 浩 著	200 元

・常見病藥膳調養叢書・品冠編號 631

1.	脂肪肝四季飲食	蕭守貴著	200 元
2.	高血壓四季飲食	秦玖剛著	200 元
3.	慢性腎炎四季飲食	魏從強著	200 元
4.	高脂血症四季飲食	薛輝著	200 元
5.	慢性胃炎四季飲食	馬秉祥著	200 元
6.	糖尿病四季飲食	王耀獻著	200 元
7.	癌症四季飲食	李忠著	200 元

・彩色圖解保健・品冠編號 64

1.	瘦身	主婦之友社	300 元
2.	腰痛	主婦之友社	300 元
3.	肩膀痠痛	主婦之友社	300 元
4.	腰、膝、腳的疼痛	主婦之友社	300 元
5.	壓力、精神疲勞	主婦之友社	300 元
6.	眼睛疲勞、視力減退	主婦之友社	300 元

・心 想 事 成・品冠編號 65

1.	魔法愛情點心	結城莫拉著	120 元
2.	可愛手工飾品	結城莫拉著	120 元
3.	可愛打扮 & 髮型	結城莫拉著	120 元
4.	撲克牌算命	結城莫拉著	120 元

・熱 門 新 知・品冠編號 67

1.	圖解基因與 DNA	（精）	中原英臣 主編	230 元
2.	圖解人體的神奇	（精）	米山公啟 主編	230 元
3.	圖解腦與心的構造	（精）	永田和哉 主編	230 元
4.	圖解科學的神奇	（精）	鳥海光弘 主編	230 元
5.	圖解數學的神奇	（精）	柳 谷 晃 著	250 元
6.	圖解基因操作	（精）	海老原充 主編	230 元
7.	圖解後基因組	（精）	才園哲人 著	

・法律專欄連載・大展編號 58

台大法學院　　法律學系／策劃
　　　　　　　法律服務社／編著

1.	別讓您的權利睡著了(1)	200 元
2.	別讓您的權利睡著了(2)	200 元

・武 術 特 輯・大展編號 10

1.	陳式太極拳入門	馮志強編著	180 元

2.	武式太極拳	郝少如編著	200 元
3.	練功十八法入門	蕭京凌編著	120 元
4.	教門長拳	蕭京凌編著	150 元
5.	跆拳道	蕭京凌編譯	180 元
6.	正傳合氣道	程曉鈴譯	200 元
7.	圖解雙節棍	陳銘遠著	150 元
8.	格鬥空手道	鄭旭旭編著	200 元
9.	實用跆拳道	陳國榮編著	200 元
10.	武術初學指南	李文英、解守德編著	250 元
11.	泰國拳	陳國榮著	180 元
12.	中國式摔跤	黃 斌編著	180 元
13.	太極劍入門	李德印編著	180 元
14.	太極拳運動	運動司編	250 元
15.	太極拳譜	清・王宗岳等著	280 元
16.	散手初學	冷 峰編著	200 元
17.	南拳	朱瑞琪編著	180 元
18.	吳式太極劍	王培生著	200 元
19.	太極拳健身與技擊	王培生著	250 元
20.	秘傳武當八卦掌	狄兆龍著	250 元
21.	太極拳論譚	沈 壽著	250 元
22.	陳式太極拳技擊法	馬 虹著	250 元
23.	三十四式/三十二式太極拳/劍	闞桂香著	180 元
24.	楊式秘傳 129 式太極長拳	張楚全著	280 元
25.	楊式太極拳架詳解	林炳堯著	280 元
26.	華佗五禽劍	劉時榮著	180 元
27.	太極拳基礎講座：基本功與簡化 24 式	李德印著	250 元
28.	武式太極拳精華	薛乃印著	200 元
29.	陳式太極拳拳理闡微	馬 虹著	350 元
30.	陳式太極拳體用全書	馬 虹著	400 元
31.	張三豐太極拳	陳占奎著	200 元
32.	中國太極推手	張 山主編	300 元
33.	48 式太極拳入門	門惠豐編著	220 元
34.	太極拳奇人奇功	嚴翰秀編著	250 元
35.	心意門秘籍	李新民編著	220 元
36.	三才門乾坤戊己功	王培生編著	220 元
37.	武式太極劍精華 +VCD	薛乃印編著	350 元
38.	楊式太極拳	傅鐘文演述	200 元
39.	陳式太極拳、劍 36 式	闞桂香編著	250 元
40.	正宗武式太極拳	薛乃印著	220 元
41.	杜元化<太極拳正宗>考析	王海洲等著	300 元
42.	<珍貴版>陳式太極拳	沈家楨著	280 元
43.	24 式太極拳＋VCD	中國國家體育總局著	350 元
44.	太極推手絕技	安在峰編著	250 元
45.	孫祿堂武學錄	孫祿堂著	300 元

46. <珍貴本>陳式太極拳精選　馮志強著　280元
47. 武當趙保太極拳小架　鄭悟清傳授　250元
48. 太極拳習練知識問答　邱丕相主編　220元
49. 八法拳 八法槍　武世俊著　220元

・彩色圖解太極武術・大展編號 102

1. 太極功夫扇　李德印編著　220元
2. 武當太極劍　李德印編著　220元
3. 楊式太極劍　李德印編著　220元
4. 楊式太極刀　王志遠著　220元

・名師出高徒・大展編號 111

1. 武術基本功與基本動作　劉玉萍編著　200元
2. 長拳入門與精進　吳彬　等著　220元
3. 劍術刀術入門與精進　楊柏龍等著　220元
4. 棍術、槍術入門與精進　邱丕相編著　220元
5. 南拳入門與精進　朱瑞琪編著　220元
6. 散手入門與精進　張　山等著　220元
7. 太極拳入門與精進　李德印編著　280元
8. 太極推手入門與精進　田金龍編著　220元

・實用武術技擊・大展編號 112

1. 實用自衛拳法　溫佐惠　著　250元
2. 搏擊術精選　陳清山等著　220元
3. 秘傳防身絕技　程崑彬　著　230元
4. 振藩截拳道入門　陳琦平　著　220元
5. 實用擒拿法　韓建中　著　220元
6. 擒拿反擒拿 88 法　韓建中　著　250元
7. 武當秘門技擊術入門篇　高　翔　著　250元
8. 武當秘門技擊術絕技篇　高　翔　著　250元

・中國武術規定套路・大展編號 113

1. 螳螂拳　中國武術系列　300元
2. 劈掛拳　規定套路編寫組　300元
3. 八極拳　國家體育總局　250元

・中華傳統武術・大展編號 114

1. 中華古今兵械圖考　裴錫榮 主編　280元
2. 武當劍　陳湘陵 編著　200元

3. 梁派八卦掌（老八掌） 李子鳴 遺著 220 元
4. 少林 72 藝與武當 36 功 裴錫榮 主編 230 元
5. 三十六把擒拿 佐藤金兵衛 主編 200 元
6. 武當太極拳與盤手 20 法 裴錫榮 主編 220 元

・少 林 功 夫・大展編號 115

1. 少林打擂秘訣 德虔、素法 編著 300 元
2. 少林三大名拳 炮拳、大洪拳、六合拳 門惠豐 等著 200 元
3. 少林三絕 氣功、點穴、擒拿 德虔 編著 300 元
4. 少林怪兵器秘傳 素法 等著 250 元
5. 少林護身暗器秘傳 素法 等著 220 元
6. 少林金剛硬氣功 楊維 編著 250 元
7. 少林棍法大全 德虔、素法 編著

・原地太極拳系列・大展編號 11

1. 原地綜合太極拳 24 式 胡啟賢創編 220 元
2. 原地活步太極拳 42 式 胡啟賢創編 200 元
3. 原地簡化太極拳 24 式 胡啟賢創編 200 元
4. 原地太極拳 12 式 胡啟賢創編 200 元
5. 原地青少年太極拳 22 式 胡啟賢創編 200 元

・道 學 文 化・大展編號 12

1. 道在養生：道教長壽術 郝勤 等著 250 元
2. 龍虎丹道：道教內丹術 郝勤 著 300 元
3. 天上人間：道教神仙譜系 黃德海著 250 元
4. 步罡踏斗：道教祭禮儀典 張澤洪著 250 元
5. 道醫窺秘：道教醫學康復術 王慶餘等著 250 元
6. 勸善成仙：道教生命倫理 李 剛著 250 元
7. 洞天福地：道教宮觀勝境 沙銘壽著 250 元
8. 青詞碧簫：道教文學藝術 楊光文等著 250 元
9. 沈博絕麗：道教格言精粹 朱耕發等著 250 元

・易 學 智 慧・大展編號 122

1. 易學與管理 余敦康主編 250 元
2. 易學與養生 劉長林等著 300 元
3. 易學與美學 劉綱紀等著 300 元
4. 易學與科技 董光壁著 280 元
5. 易學與建築 韓增祿著 280 元
6. 易學源流 鄭萬耕著 280 元
7. 易學的思維 傅雲龍等著 250 元

8.	周易與易圖	李 申著	250元
9.	中國佛教與周易	王仲堯著	元

・神 算 大 師・大展編號 123

1.	劉伯溫神算兵法	應 涵編著	280元
2.	姜太公神算兵法	應 涵編著	280元
3.	鬼谷子神算兵法	應 涵編著	280元
4.	諸葛亮神算兵法	應 涵編著	280元

・秘傳占卜系列・大展編號 14

1.	手相術	淺野八郎著	180元
2.	人相術	淺野八郎著	180元
3.	西洋占星術	淺野八郎著	180元
4.	中國神奇占卜	淺野八郎著	150元
5.	夢判斷	淺野八郎著	150元
6.	前世、來世占卜	淺野八郎著	150元
7.	法國式血型學	淺野八郎著	150元
8.	靈感、符咒學	淺野八郎著	150元
9.	紙牌占卜術	淺野八郎著	150元
10.	ESP 超能力占卜	淺野八郎著	150元
11.	猶太數的秘術	淺野八郎著	150元
12.	新心理測驗	淺野八郎著	160元
13.	塔羅牌預言秘法	淺野八郎著	200元

・趣味心理講座・大展編號 15

1.	性格測驗（1） 探索男與女	淺野八郎著	140元
2.	性格測驗（2） 透視人心奧秘	淺野八郎著	140元
3.	性格測驗（3） 發現陌生的自己	淺野八郎著	140元
4.	性格測驗（4） 發現你的真面目	淺野八郎著	140元
5.	性格測驗（5） 讓你們吃驚	淺野八郎著	140元
6.	性格測驗（6） 洞穿心理盲點	淺野八郎著	140元
7.	性格測驗（7） 探索對方心理	淺野八郎著	140元
8.	性格測驗（8） 由吃認識自己	淺野八郎著	160元
9.	性格測驗（9） 戀愛知多少	淺野八郎著	160元
10.	性格測驗（10）由裝扮瞭解人心	淺野八郎著	160元
11.	性格測驗（11）敲開內心玄機	淺野八郎著	140元
12.	性格測驗（12）透視你的未來	淺野八郎著	160元
13.	血型與你的一生	淺野八郎著	160元
14.	趣味推理遊戲	淺野八郎著	160元
15.	行為語言解析	淺野八郎著	160元

・婦幼天地・大展編號 16

1.	八萬人減肥成果	黃靜香譯	180 元
2.	三分鐘減肥體操	楊鴻儒譯	150 元
3.	窈窕淑女美髮秘訣	柯素娥譯	130 元
4.	使妳更迷人	成　玉譯	130 元
5.	女性的更年期	官舒妍編譯	160 元
6.	胎內育兒法	李玉瓊編譯	150 元
7.	早產兒袋鼠式護理	唐岱蘭譯	200 元
8.	初次懷孕與生產	婦幼天地編譯組	180 元
9.	初次育兒 12 個月	婦幼天地編譯組	180 元
10.	斷乳食與幼兒食	婦幼天地編譯組	180 元
11.	培養幼兒能力與性向	婦幼天地編譯組	180 元
12.	培養幼兒創造力的玩具與遊戲	婦幼天地編譯組	180 元
13.	幼兒的症狀與疾病	婦幼天地編譯組	180 元
14.	腿部苗條健美法	婦幼天地編譯組	180 元
15.	女性腰痛別忽視	婦幼天地編譯組	150 元
16.	舒展身心體操術	李玉瓊編譯	130 元
17.	三分鐘臉部體操	趙薇妮著	160 元
18.	生動的笑容表情術	趙薇妮著	160 元
19.	心曠神怡減肥法	川津祐介著	130 元
20.	內衣使妳更美麗	陳玄茹譯	130 元
21.	瑜伽美姿美容	黃靜香編著	180 元
22.	高雅女性裝扮學	陳珮玲譯	180 元
23.	蠶糞肌膚美顏法	梨秀子著	160 元
24.	認識妳的身體	李玉瓊譯	160 元
25.	產後恢復苗條體態	居理安・芙萊喬著	200 元
26.	正確護髮美容法	山崎伊久江著	180 元
27.	安琪拉美姿養生學	安琪拉蘭斯博瑞著	180 元
28.	女體性醫學剖析	增田豐著	220 元
29.	懷孕與生產剖析	岡部綾子著	180 元
30.	斷奶後的健康育兒	東城百合子著	220 元
31.	引出孩子幹勁的責罵藝術	多湖輝著	170 元
32.	培養孩子獨立的藝術	多湖輝著	170 元
33.	子宮肌瘤與卵巢囊腫	陳秀琳編著	180 元
34.	下半身減肥法	納他夏・史達賓著	180 元
35.	女性自然美容法	吳雅菁編著	180 元
36.	再也不發胖	池園悅太郎著	170 元
37.	生男生女控制術	中垣勝裕著	220 元
38.	使妳的肌膚更亮麗	楊　皓編著	170 元
39.	臉部輪廓變美	芝崎義夫著	180 元
40.	斑點、皺紋自己治療	高須克彌著	180 元
41.	面皰自己治療	伊藤雄康著	180 元

42.	隨心所欲瘦身冥想法	原久子著	180 元
43.	胎兒革命	鈴木丈織著	180 元
44.	NS 磁氣平衡法塑造窈窕奇蹟	古屋和江著	180 元
45.	享瘦從腳開始	山田陽子著	180 元
46.	小改變瘦 4 公斤	宮本裕子著	180 元
47.	軟管減肥瘦身	高橋輝男著	180 元
48.	海藻精神秘美容法	劉名揚編著	180 元
49.	肌膚保養與脫毛	鈴木真理著	180 元
50.	10 天減肥 3 公斤	彤雲編輯組	180 元
51.	穿出自己的品味	西村玲子著	280 元
52.	小孩髮型設計	李芳黛譯	250 元

·青 春 天 地·大展編號 17

1.	A 血型與星座	柯素娥編譯	160 元
2.	B 血型與星座	柯素娥編譯	160 元
3.	O 血型與星座	柯素娥編譯	160 元
4.	AB 血型與星座	柯素娥編譯	120 元
5.	青春期性教室	呂貴嵐編譯	130 元
7.	難解數學破題	宋釗宜編譯	130 元
9.	小論文寫作秘訣	林顯茂編譯	120 元
11.	中學生野外遊戲	熊谷康編著	120 元
12.	恐怖極短篇	柯素娥編譯	130 元
13.	恐怖夜話	小毛驢編譯	130 元
14.	恐怖幽默短篇	小毛驢編譯	120 元
15.	黑色幽默短篇	小毛驢編譯	120 元
16.	靈異怪談	小毛驢編譯	130 元
17.	錯覺遊戲	小毛驢編著	130 元
18.	整人遊戲	小毛驢編著	150 元
19.	有趣的超常識	柯素娥編譯	130 元
20.	哦！原來如此	林慶旺編譯	130 元
21.	趣味競賽 100 種	劉名揚編譯	120 元
22.	數學謎題入門	宋釗宜編譯	150 元
23.	數學謎題解析	宋釗宜編譯	150 元
24.	透視男女心理	林慶旺編譯	120 元
25.	少女情懷的自白	李桂蘭編譯	120 元
26.	由兄弟姊妹看命運	李玉瓊編譯	130 元
27.	趣味的科學魔術	林慶旺編譯	150 元
28.	趣味的心理實驗室	李燕玲編譯	150 元
29.	愛與性心理測驗	小毛驢編譯	130 元
30.	刑案推理解謎	小毛驢編譯	180 元
31.	偵探常識推理	小毛驢編譯	180 元
32.	偵探常識解謎	小毛驢編譯	130 元
33.	偵探推理遊戲	小毛驢編譯	180 元

34. 趣味的超魔術	廖玉山編著	150 元
35. 趣味的珍奇發明	柯素娥編著	150 元
36. 登山用具與技巧	陳瑞菊編著	150 元
37. 性的漫談	蘇燕謀編著	180 元
38. 無的漫談	蘇燕謀編著	180 元
39. 黑色漫談	蘇燕謀編著	180 元
40. 白色漫談	蘇燕謀編著	180 元

・健 康 天 地・大展編號 18

1. 壓力的預防與治療	柯素娥編譯	130 元
2. 超科學氣的魔力	柯素娥編譯	130 元
3. 尿療法治病的神奇	中尾良一著	130 元
4. 鐵證如山的尿療法奇蹟	廖玉山譯	120 元
5. 一日斷食健康法	葉慈容編譯	150 元
6. 胃部強健法	陳炳崑譯	120 元
7. 癌症早期檢查法	廖松濤譯	160 元
8. 老人痴呆症防止法	柯素娥編譯	170 元
9. 松葉汁健康飲料	陳麗芬編譯	150 元
10. 揉肚臍健康法	永井秋夫著	150 元
11. 過勞死、猝死的預防	卓秀貞編譯	130 元
12. 高血壓治療與飲食	藤山順豐著	180 元
13. 老人看護指南	柯素娥編譯	150 元
14. 美容外科淺談	楊啟宏著	150 元
15. 美容外科新境界	楊啟宏著	150 元
16. 鹽是天然的醫生	西英司郎著	140 元
17. 年輕十歲不是夢	梁瑞麟譯	200 元
18. 茶料理治百病	桑野和民著	180 元
20. 杜仲茶養顏減肥法	西田博著	170 元
21. 蜂膠驚人療效	瀨長良三郎著	180 元
22. 蜂膠治百病	瀨長良三郎著	180 元
23. 醫藥與生活	鄭炳全著	180 元
24. 鈣長生寶典	落合敏著	180 元
25. 大蒜長生寶典	木下繁太郎著	160 元
26. 居家自我健康檢查	石川恭三著	160 元
27. 永恆的健康人生	李秀鈴譯	200 元
28. 大豆卵磷脂長生寶典	劉雪卿譯	150 元
29. 芳香療法	梁艾琳譯	160 元
30. 醋長生寶典	柯素娥譯	180 元
31. 從星座透視健康	席拉・吉蒂斯著	180 元
32. 愉悅自在保健學	野本二士夫著	160 元
33. 裸睡健康法	丸山淳士等著	160 元
34. 糖尿病預防與治療	藤山順豐著	180 元
35. 維他命長生寶典	菅原明子著	180 元

36. 維他命 C 新效果　鐘文訓編　150 元
37. 手、腳病理按摩　堤芳朗著　160 元
38. AIDS 瞭解與預防　彼得塔歇爾著　180 元
39. 甲殼質殼聚糖健康法　沈永嘉譯　160 元
40. 神經痛預防與治療　木下真男著　160 元
41. 室內身體鍛鍊法　陳炳崑編著　160 元
42. 吃出健康藥膳　劉大器編著　180 元
43. 自我指壓術　蘇燕謀編著　160 元
44. 紅蘿蔔汁斷食療法　李玉瓊編著　150 元
45. 洗心術健康秘法　竺翠萍編譯　170 元
46. 枇杷葉健康療法　柯素娥編譯　180 元
47. 抗衰血癒　楊啟宏著　180 元
48. 與癌搏鬥記　逸見政孝著　180 元
49. 冬蟲夏草長生寶典　高橋義博著　170 元
50. 痔瘡・大腸疾病先端療法　宮島伸宜著　180 元
51. 膠布治癒頑固慢性病　加瀨建造著　180 元
52. 芝麻神奇健康法　小林貞作著　170 元
53. 香煙能防止癡呆？　高田明和著　180 元
54. 穀菜食治癌療法　佐藤成志著　180 元
55. 貼藥健康法　松原英多著　180 元
56. 克服癌症調和道呼吸法　帶津良一著　180 元
57. B 型肝炎預防與治療　野村喜重郎著　180 元
58. 青春永駐養生導引術　早島正雄著　180 元
59. 改變呼吸法創造健康　原久子著　180 元
60. 荷爾蒙平衡養生秘訣　出村博著　180 元
61. 水美肌健康法　井戶勝富著　170 元
62. 認識食物掌握健康　廖梅珠編著　170 元
63. 痛風劇痛消除法　鈴木吉彥著　180 元
64. 酸莖菌驚人療效　上田明彥著　180 元
65. 大豆卵磷脂治現代病　神津健一著　200 元
66. 時辰療法—危險時刻凌晨 4 時　呂建強等著　180 元
67. 自然治癒力提升法　帶津良一著　180 元
68. 巧妙的氣保健法　藤平墨子著　180 元
69. 治癒 C 型肝炎　熊田博光著　180 元
70. 肝臟病預防與治療　劉名揚編著　180 元
71. 腰痛平衡療法　荒井政信著　180 元
72. 根治多汗症、狐臭　稻葉益巳著　220 元
73. 40 歲以後的骨質疏鬆症　沈永嘉譯　180 元
74. 認識中藥　松下一成著　180 元
75. 認識氣的科學　佐佐木茂美著　180 元
76. 我戰勝了癌症　安田伸著　180 元
77. 斑點是身心的危險信號　中野進著　180 元
78. 艾波拉病毒大震撼　玉川重德著　180 元
79. 重新還我黑髮　桑名隆一郎著　180 元

國家圖書館出版品預行編目資料

圖解後基因組／才園哲人著，林庭語譯
－初版－臺北市，品冠，民 92
面；21 公分－（熱門新知；7）
譯自：ポストゲノム
ISBN 957-468-241-2（精裝）
1.基因
363.019 92011247

SOKO GA SHIRITAI! POSTGENOME

Originally published in Japan in 2001 by KANKI PUBLISHING INC.
Chinese translation rights arranged through TOHAN CORPORATION, TOKYO.,
and Keio Cultural Enterprise Co., Ltd.

版權仲介／京王文化事業有限公司

圖解後基因組 ISBN 957-468-241-2

著　　者／才園哲人
譯　　者／林庭語
發 行 人／蔡孟甫
出 版 者／品冠文化出版社
社　　址／台北市北投區（石牌）致遠一路 2 段 12 巷 1 號
電　　話／(02) 28233123・28236031・28236033
傳　　真／(02) 28272069
郵政劃撥／19346241（品冠）
網　　址／www.dah-jaan.com.tw
E-mail／dah_jaan @pchome.com.tw
承 印 者／國順文具印刷行
裝　　訂／源太裝訂實業有限公司
排 版 者／千兵企業有限公司
初版1刷／2003 年（民 92 年） 9 月

定　價／230 元